촌락지리학
Rural Geography

촌락지리학
Rural Geography

초판 1쇄 발행 | 2011년 9월 5일

지은이 | 이전

펴낸이 | 김선기
펴낸곳 | (주)푸른길
출판등록 | 1996년 4월 12일 제16-1292호
주소 | 137-060 서울시 서초구 방배동 1001-9 우진빌딩 3층
전화 | 02-523-2907 팩스 | 02-523-2951
이메일 | pur456@kornet.net
블로그 | blog.naver.com/purungilbook
홈페이지 | www.purungil.co.kr

ISBN 978-89-6291-170-1 93980

이 도서의 국립중앙도서관 출판시도서목록(CIP)은 e-CIP홈페이지(http://nl.go.kr/ecip)에서
이용하실 수 있습니다.(CIP 제어번호: CIP2011003524)

인간의 정주 공간에 대한 지리학적 관심

촌락지리학

| 이전 지음 |

푸른길

인간이 살아가고 있는 지표 공간은 도시와 촌락으로 구분되기 때문에 도시지리학과 촌락지리학은 인문지리학을 구성하고 있는 가장 중요한 두 분야일 수밖에 없다. 제2차 세계대전 이후에 제2차 산업과 제3차 산업이 발달하면서 많은 인구가 도시에 집중하였고, 이에 따라 도시 연구에 대한 필요성이 부각되면서 도시지리학은 비약적인 발전을 해왔다. 촌락에 비해 도시의 상대적 중요성이 점차로 증대되고 있다는 사실을 아무도 부정할 수 없다.

그럼에도 불구하고 촌락은 근대 지리학의 태동부터 오늘날까지 지리학의 주요 관심 대상이었고, 현재에도 촌락지리학은 지리학의 핵심 분야로 남아있다. 지난 세기 이전에는 거의 대다수의 인구가 촌락에 살고 있었기 때문에 인간의 정주 공간에 대한 지리학적 관심은 주로 촌락에 대한 관심이 될 수밖에 없었을 것이다. 현대 사회에서도 촌락은 도시보다는 훨씬 더 넓은 지표 공간을 차지하고 있기 때문에, 지표 공간을 다루는 지리학자가 촌락에 대해 지대한 관심을 갖는 것은 당연한 것이다. 전통적으로 지리학자들은 인간과 자연과의 관계 또는 인간의 생활양식에 주목하였으며, 촌락이 도시보다는 자연환경이나 문화적 · 역사적 전통과 밀접한 관련을 맺고 있다는 사실 또한 촌락지리학을 지리학의 핵심 분야로 남아있게 하는 데 기여하고 있다.

미국이나 유럽의 지리학자가 저술한 촌락지리학 교재는 주로 그들의 촌락을 연구 대상으로 설정하기 때문에 우리나라의 촌락을 설명하는

데 한계가 있을 수밖에 없다. 그래서 우리나라 대학의 촌락지리학 강의에서 원서를 선택하는 것은 좋은 선택이라고 할 수 없다. 홍경희 선생의 『촌락지리학村落地理學』(1985, 법문사)은 522쪽에 달하는 방대한 저서로서 촌락에 관한 지리학의 연구 업적을 집대성한 지리학서라고 평가할 수 있다. 하지만 이 책은 발행한 지가 오래되었고, 또한 한자어를 지나치게 많이 사용하고 있어 오늘날의 대학생들이 읽기에 난해하다는 한계를 갖고 있다.

필자는 오랫동안 대학에서 촌락지리학을 강의하면서 마땅한 촌락지리학 교재가 없어 국내외의 지리학서에서 중요한 요점을 정리하여 촌락지리학 강의 노트를 교재로 사용하였는데, 주위의 권유로 이 강의 노트를 보완하여 촌락지리학 교재로 출판하기로 결심하게 되었다. 필자는 『촌락지리학』을 집필하는 데 학문적으로 도움을 주신 선학들에게 늘 감사드린다. 이 책 내용의 상당한 부분은 선학들의 연구 성과를 대학 교재 수준에 맞게 정리한 것에 불과하다고 자평한다. 끝으로 이 책을 집필하는 데 교정 및 편집에 도움을 준 경상대학교 학생들에게 감사드리고, 필자의 『촌락지리학』 출판을 기꺼이 맡아 주신 푸른길 김선기 대표에게도 심심한 감사의 뜻을 전하고 싶다.

2011년 8월 22일

진주 가좌벌에서, 이전

| 차례 |

제1부

지리학의 분야와
촌락지리학의 연구 대상

제1장
지리학의 분야 및 연구 대상

1. 지리학의 여러 분야

지리학(Geography)은 그리스의 에라토스테네스(Eratosthenes, BC 273~BC 192)가 신조한 말로서 '땅(地, geo)에 대한 기술(記述, graphy)'이라는 어원을 갖는다. 오늘날 지리학은 특정한 지역의 특성을 연구하는 학문, 혹은 특정한 지역과 다른 지역 간의 상이성과 유사성에 관해 연구하는 학문으로 규정된다. 그러므로 인간이 살고 있는 지역은 모두 지리학자의 관심 대상이 된다. 그림 1-1는 지리학의 여러 분야와 지리 교과목 분류 체계를 나타낸 것이다.

지리학은 계통지리학과 지역지리학으로 구분된다. 대학의 지리학과 혹은 지리교육과에 개설되어 있는 대다수 교과목들은 계통지리학이나 지역지리학 분야에 속한다. 다만, 지리학사 혹은 지리학 방법론 관련 교과목, 지도학 혹은 지리학 테크닉 관련 교과목, 지리

교육론 혹은 지리교육 관련 교과목 등은 계통지리학이나 지역지리
학에 속하지 않는다.

　계통지리학은 크게 인문지리학과 자연지리학으로 구분한다. 인
문지리학은 인간 활동의 공간적 차원을 다루는 지리학 분야이고,
자연지리학은 자연환경에 관심을 갖는 지리학 분야이다. 인문지리
학은 촌락지리학, 도시지리학, 문화지리학, 경제지리학, 사회지리
학, 정치지리학 등으로 구분하고, 자연지리학은 지형학, 기후학, 식

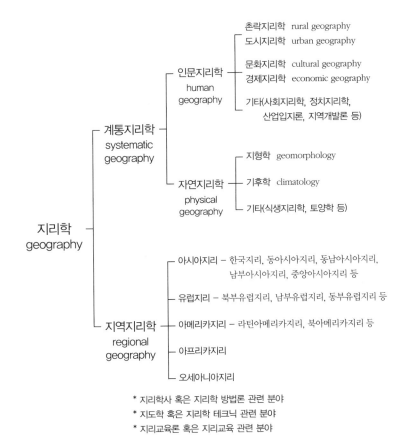

그림 1-1. 지리학의 여러 분야와 지리 교과목 분류 체계

생지리학 등으로 구분한다.

지역지리학은 지역 구분에 따라 나누어지는 지리학의 분야이다. 지역지리학은 가장 넓은 지역 단위에 따라 아시아 지리, 유럽 지리, 아메리카 지리, 아프리카 지리, 오세아니아 지리 등으로 구분하는데, 이러한 지역지리학은 다시 세분할 수 있다. 예를 들면 아시아 지리는 동아시아 지리, 동남아시아 지리, 남부아시아 지리, 중앙아시아 지리, 서남아시아 지리 등으로 구분하고, 아메리카 지리는 북아메리카 지리, 중앙아메리카 지리, 남아메리카 지리 등으로 구분한다. 또한 이러한 세분된 지역지리학도 하위 지역 단위에 따라 더욱 세분할 수 있다.

2. 장소와 입지

지리학자들은 전통적으로 장소(place)와 입지(location)에 관심을 갖고 있다. 장소는 구체적인 위치를 기반으로 하지만 인간들의 삶과 무관하게 존재하는 물리적인 지점은 아니다. 인간들은 자신들만의 의미 세계를 만들어 가면서, 물리적이고 객관적인 공간을 상대적이고 인간적인 장소로 변화시킨다. 어떤 면에서 장소는 비교적 좁은 범위의 공간을 의미한다. 장소가 지닌 속성, 즉 장소성場所性은 환경의 영향만을 받아 형성된 것이 아니라 그 장소에 살고 있는 사람들에 의해 만들어지고 변화된다.

입지는 장소의 지위를 규정하는 개념이다. 입지에는 절대적 입지(absolute location)와 상대적 입지(relative location)가 있다. 절대적 입지는 위도와 경도를 사용하여 나타내지만, 어떤 장소의 특유한 성격을 나타내는 속성(site)도 절대적 입지 개념에 포함시킬 수 있다. 즉, 절대적 입지 개념에는 비탈진 곳, 평평한 곳, 습한 곳, 양지바른 곳 등과 같은 입지 자체의 속성 등이 포함된다. 한편, 상대적 입지는 어떤 장소의 상대적 성격을 나타내는 속성(situation)이다. 즉, 상대적 입지는 교통이 편리한 곳, 대륙의 동안, 해양에 인접한 곳 등과 같이 주변과의 관련성이나 정치적 · 경제적 · 사회적 환경에 의해 규정되는 속성을 말한다.

3. 공간과 공간 조직

상식적인 차원에서는 공간(space) 개념과 장소(place) 개념은 거의 구별되지 않지만, 지리학자들은 흔히 두 개념을 서로 대립되는 개념으로 인식한다. 장소가 특수하고 예외적인 속성을 가지며, 주관적 · 개성적이고 독특한 것을 담고 있는 개념이라면, 공간은 보편적이고 일반적인 것을 담아내는 개념이다. 특수하고 예외적인 대상을 연구하는 지리학과 보편적인 원리를 추구하는 지리학의 연속체상에서 양 극단에 서 있는 개념이 장소와 공간이다. 또한 장소 개념은 인본주의 지리학에서 주목하는 개념이라면, 공간은 실증주의 지리학이 중시하는 개념이다.

개개인에게 의미 있는 요소를 중요하게 다루기보다는 모든 사람들에게 제공되는 평균적인 의미를 찾고자할 때 우리는 공간이라는 용어를 사용한다. "자본주의 영향으로 인해 전통적 공동체가 해체되고 전통적인 장소들이 사라지고 있다. 자본가들은 그곳을 공장을 짓고 도로를 건설할 수 있는 공간으로 인식한다."라는 표현은 장소와 공간의 개념을 구분하는 사례에 속한다. 그러나 장소와 공간의 개념을 뚜렷이 구분하지 않는 경우도 있고, 또한 장소와 공간은 동전의 양면으로 인식해야 하는 경우도 있다. 동일한 지점(point)이 어떤 사람에게는 장소로 기억되고 어떤 사람에게는 공간으로 인식될 수 있기 때문이다.

영국 지리학자 하게트(Peter Haggett, 1933~)는 공간 조직(spatial organization)에 대한 틀을 그림 1-2와 같이 여섯 단계의 그림으로 제시하였다(Haggett; Cliff and Frey, 1977: 7). 공간상에서는 반드시 ①주향성을 가진 흐름(movement)이 발생하며, ②흐름의 주향에 따라 공간 극복을 위한 망(網, network)이 형성되고, ③흐름의 교차지에는 결절(結節, node)이 형성된다. 그리고 ④결절의 상대적 위치에 따라

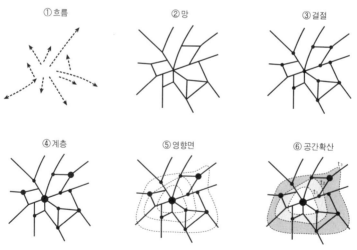

그림 1-2 공간 조직에 대한 단계적 분석 개념

차별 성장에 의한 결절 간의 계층(階層, hierarchy)이 형성되며, ⑤결절 지역은 하나의 통합된 공간으로 특수한 영향면(影響面, surface)을 형성하고, ⑥시時−공空상의 공간 확산(空間擴散, spatial diffusion)을 통한 영향면의 전개는 중심 결절지와 하나의 통합된 지역으로 발전한다.

4. 지역

상당수의 지리학자들은 지역(region)의 의미, 지역의 성격, 지역 구분 등에 많은 관심을 갖고 있으며, 지역에 대한 연구가 지리학의 핵심이라고 간주한다. 지리학자들은 지역을 등질 지역(homogeneous region)과 기능 지역(functional region)으로 구분한다. 등질 지역은 '어떤 사상事象이나 성질이 유사한 범위', 즉 '하나 또는 여러 가지 현상이 비슷하거나 같게 분포함으로써 성격을 같이 하는 공간적 범위'를 나타내고, 기능 지역은 '어떤 중심지의 기능이 미치는 범위', 즉 '일정한 기준에 의해 서로 밀접한 공간 관계를 갖는 범위'를 나타낸다. 등질 지역은 균등 지역(uniform region)이라고 부르기도 하고, 기능 지역은 결절 지역(nodal region)이라고 부르기도 한다.

지리학 이외의 다른 분야에서는 지역을 연구 이전에 주어진 조건으로 간주하고 연구에 착수하는 경우가 많고, 행정적 경계 혹은 정치적 경계를 지역 구분의 지표로 의심 없이 수용하는 경우가 많다. 그러나 지리학자는 지역을 설정하는 과정에 주의를 기울이고, 지역 구분을 중요한 연구 과제로 취급한다. 지역과 지역 사이의 경계는 뚜렷하게 선으로 나타낼 수 있는 경우도 있으나, 일반적으로 두 지역의 경계가 점이 지대를 이루기 때문에 선으로 나타내기가 어렵다. 행정적인 경계 혹은 정치적인 경계로 지역을 설정하는 방법이 지역 설정 방법의 하나가 될 수 있지만, 결코 지역 설정에서 결정적으로 중요한 방법은 아니다.

5. 경관(landscape)

지표에는 지형·하천·호소 등과 같은 자연 요소(physical elements), 식생과 같은 생물 요소(biological elements), 토지 이용이나 건조물과 같은 인문 요소(human elements) 등의 가시적 특성(visible features)이 있는데, 경관은 이러한 지표의 가시적 특성으로 구성되어 있다. 경관은 사람과 장소의 종합(synthesis)을 반영한다.

독일의 지리학자 슐뤼터(Otto Schlütter)는 지리학을 경관 과학(Landschaftkunde, landscape science)이라고 규정하였다. 슐뤼터는 경관에서 가시적 경관, 즉 전체적으로 나타나는 외양을 강조하였다. 슐뤼터는 경관을 원초적 경관(자연 경관, Urlandschaft, natural landscape)과 문화 경관(Kulturlandschaft, cultural landscape)으로 구분하였다. 미국의 지리학자 사우어(Carl Sauer, 1889~1975)도 문화 경관을 강조하였다. 사우어는 '문화 경관은 인간의 활동에 의하여 자연 경관이 변화하여 만들어지는 경관'이라고 규정하였다. 사우어의 문화경관론은 헤트너의 지역 연구와 슐뤼터의 경관 연구의 맥을 잇고, 미국 문화역사지리학계에 방법론적 토대를 제공하였으며, 그 뒤 많은 문화지리학자들에 의해 받아들여져 미국 지리학의 발전에 크게 공헌하였다.

근래에 들어 경관을 객관적 대상이라기보다는 '사물을 보는 방법 (a way of seeing)'으로 파악하는 사조思潮가 등장하였다. 이러한 사조에서 경관은 존재론적 대상이라기보다는 인식론적 대상이다. 경관이란 개념은 외부 세계에 의미를 부여하거나 외부 세계를 독특하게 창조하거나 구성하는 방법이다. 그래서 경관의 개념은 사물을 보는 주체의 관점이 내재되어 있다는 점에서 인간 외부에 존재하는 객관적 세계를 지칭하는 환경의 개념과는 다르다는 것이다. 이러한 사조에서는 환경이 인간과 자연과의 관계 속에서 사실의 차원을 다룬다면, 경관은 그에 대한 지각과 인식의 차원을 다룬다고 볼 수 있다(진종헌, 2009).

6. 인간과 자연과의 관계(man-and-land relationship)

라첼(Friedrich Ratzel, 1844~1904)은 환경결정론(environmental determinism)적인 사고를 하였다. 그는 다양한 자연 현상이 인간의 역사에 미친 영향을 추적하였다. 라첼의 『인류지리학(Anthropo-geographie)』(1882) 제1권은 자연 과학의 새로운 방법론을 인문지리학에 적용시킨 최초의 지리서이다. 그는 인간도 자연법칙에 따라 살고 있다고 보았고, 따라서 문화의 형태도 자연적 조건에 의해 결정되거나 적응된 결과라고 간주하였다.

라첼의 환경결정론적 사고는 그의 저서 『정치지리학(Political

Geography)』(1903)에서 보다 분명히 나타나고 있다. 라첼은 다윈 (Darwin)의 생물학적 개념을 인간 사회에 적용하였다(사회다원주의, social Darwinism). 라첼은 "인간 집단이 마치 식물 유기체나 동물 유기체와 마찬가지로 특정한 환경에서 살아남기 위해서는 생존 경쟁을 하여야 한다."라고 보았다. 라첼은 그의 저서 『정치지리학』에서 국가를 땅에 붙어 있는 유기체(an organism attached to the land)에 비유하였다. 그는 국가가 살아남기 위해서는 성장하여야 한다고 주장하였다. 이러한 라첼의 사고는 1930년대 독일의 정책을 지지하는 데 이용되었다.

비달(Paul Vidal de la Blache, 1845~1918)은 환경결정론적 사고를 반박하고 가능론(possibilism)의 개념을 정립하였다. 그는 지역(pays: small homogeneous areas)을 연구하여 인간과 환경(milieu) 사이의 밀접한 관계를 밝히는 것이 지리학의 역할이라고 주장하였다. 다시 말해, 비달은 지리학의 연구 관심사는 환경 속에서 살아가는 인간들의 관계에 초점을 맞추어야 하며, 이를 위해 작은 동질적인 지역을 연구 대상으로 삼아야 한다고 주장하였다. 그는 특정한 장소의 환경과 인간의 관계를 둘러싸고 있는 자연적, 역사적, 사회적 영향력이 통합되어 나타난 결과가 바로 생활양식(genre de vie, way of life)이라고 보았다. 비달은 동일한 자연환경이라도 생활양식이 다른 사람들에게는 다른 의미를 갖는다는 사실을 지적하면서 생활양식 개념을 매우 중시하였다.

제2장
촌락의 개념과 촌락의 중요성

1. 취락의 개념

협의의 취락

인간은 의식주衣食住에 대한 절실한 욕구를 갖고 있는데, 주거에 대한 욕구를 충족시키기 위한 인간 활동의 결과로 나타나는 것이 가옥家屋이다. 협의의 취락(聚落, settlement)은 그러한 가옥의 모임 (집합체 혹은 집단)을 의미한다. 그러므로 취락은 한 지역을 점거하는 과정에 있어서 인간이 세운 건조물이라고 하겠다.

광의의 취락

흔히 지리학계에서는 취락이라는 용어를 사람들이 상부상조하여 집단적으로 거주하는 장소라는 뜻으로 사용한다(최영준, 2005). 이러한 광의의 취락은 가옥뿐만 아니라 이에 수반하는 부속 건물, 울타리, 도로, 수로, 공지, 경지, 방풍림 등의 여러 요소를 포함하는 총칭이다. 광의의 취락 개념에 따르면, 취락 경관은 가옥을 중심으로 하여 택지, 도로, 수로뿐만 아니라 그것들을 둘러싸고 있는 경지, 삼림 등으로 구성되어 있다.

취락의 유형

취락은 인간이 생활하는 가장 기본적인 지역사회(community)를 구성하는데, 취락 유형에는 촌락(村落, rural settlement)과 도시(都市, urban settlement)가 있다. 이 두 유형의 취락은 인구수나 인구 밀도, 행정구역의 성격, 주민의 경제 활동 양상, 주민의 사회적 · 문화적 행태行態, 경관과 토지 이용 등의 차원에서 현저한 차이를 보인다. 그러나 이 두 유형의 취락을 분류하는 기준은 절대적인 것이 아니라 상대적인 것이다.

2. 촌락과 도시

촌락과 도시의 구별

촌락과 도시는 인구수 혹은 인구 밀도, 생활 기반, 주민의 행태, 경관과 토지 이용 등에 있어서 현저한 차이를 보인다. 촌락과 도시의 관계나 구분을 어떻게 하느냐에 따라 다음과 같이 세 가지 입장이 있다(임석회, 2005).

대비되는 공간으로 인식

첫째, 촌락과 도시를 인구 규모로 구별한다. 촌락과 도시를 구별하는 인구 규모의 기준은 국가별로 다르다. 인구가 많고 인구 밀도가 높은 취락이 도시이고, 그렇지 못한 취락이 촌락이다. 따라서 인구 지표는 촌락을 구별하는 지표라기보다는 도시를 구별하는 지표라고 하겠다.

둘째, 촌락과 도시를 행정적 지표로 구별한다. 취락을 행정적으로 도시와 촌락으로 구별하는 것이다. 우리나라의 경우에는 면 단위 지역을 촌락으로, 그리고 읍과 시 단위 지역을 도시로 분류하는 경우가 많다.

셋째, 촌락과 도시를 경제적 지표로 구별한다. 전통적으로 촌락 지역의 지배적인 경제 활동은 농업, 임업, 목축업, 어업과 같은 1차 산업이다. 그러나 오늘날의 촌락은 단순한 1차 산업 경제 활동보다 훨씬 더 많은 기능을 포함하고 있다. 때문에 미국에서는 촌락 인구에 농업 인구(rural farm population)뿐만 아니라 비농업 인구(rural non-farm population)를 포함한다.

넷째, 촌락과 도시를 사회적·문화적 지표로 구별한다. 촌락 주민과 도시 주민 간의 행동과 태도에 있어서의 차이점을 지표로 삼는다. 서비스의 제공, 주거의 수준, 고용 수준, 소득 수준에 관한 지표 등을 사용한다.

다섯째, 촌락과 도시를 경관과 토지 이용으로 구별한다. 도시와 도시 근교에서는 빌딩이나 관련 건물들로 연속적으로 점거되어 있어서 토지 이용이 집약적으로 나타난다. 도시 밖에서는 이와 대조적으로 공지가 지배적이고 자연적 요소가 더욱 분명히 나타난다. 대부분의 촌락에서 가장 중요한 토지 이용 형태는 농업 활동이다. 그러나 시가지(built-up area)와 공지가 공존하는 도시-촌락 주변 지역(urban-rural fringe zone)이 존재하기 때문에 도시와 촌락의 경계는 정확한 선으로 설정하기 쉽지 않다.

촌락-도시 연속체로 이해

촌락-도시 연속체(rural-urban continuum)의 개념은 도시와 촌락을 서로 대립되는 개념으로 파악하는 대신, 같은 연속선상에서 기준 척도의 정도 차이에 의해 도시와 촌락을 구분하는 것이다. 즉, 이 개념은 촌락과 도시를 대립적인 실체로 보기 어렵다는 데에서 나온 것이다. 사실, 오늘날 촌락 주민과 도시 주민 사이에 생활, 희망, 태도 등에 있어서 차이가 없어지고 있다.

교외화(suburbanization)는 도시의 외연적 확대를 기술하는 용어이다. 대도시의 주민들이 시외의 위성 도시나 가까운 농촌에 거주하면서 중심 도시 지역의 직장으로 통근하는 것을 원하는 추세가 나타난다. 도로망, 철도망의 확충이나 자동차 보급의 확대로 교외화 현상은 더욱 가속화되고 있다.

:: 참고   교외와 교외화

교외(suburb)는 도시와 농촌 사이의 점이 지대이다. 교외는 기능적 측면에서 거주 교외(residential suburb), 고용 교외(employing suburb), 혼합 교외(mixed suburb)의 세 유형으로 구분된다. 거주 교외는 침상 기능을 담당하는 교외인데, 여기에는 중심 도시로 통근하는 주민들이 주로 살고 있다. 고용 교외는 취업 기회를 제공하는 교외로 중심 도시와 관련된 산업이 입지하고 있다. 혼합 교외는 거주 기능과 고용 기능을 동시에 제공하는 교외이다.

교외화는 중심 도시의 기능이 주변 지역에 원심적으로 확대되는 현상과 과정을 가리키는 용어이다. 교외화가 이루어지는 데 가장 중요한 배경이 되는 것은 교통 체계의 발달과 확충이다. 저렴한 지가와 쾌적한 주거 환경 등도 교외화를 촉진시키는 요인이 된다. 또한 교외화는 신도시를 건설하여 개발을 확대하거나 그린벨트를 설정하여 개발을 규제하는 등 지역 개발 정책에 의해 좌우되기도 한다(권용우 외, 2010).

공생적 관계 속에서 이해

촌락과 도시와의 공생적 관계 속에서 이해하는 접근법은 촌락과 도시가 하나의 시스템 내에서 상호의존적이며 유기적 관계를 가지고 있다는 견해에서 나온 접근법이다. 이 접근법에서 촌락은 취락의 최소 단위이고, 농업, 어업, 임업 활동이 이루어지는 경제 공간으로서의 생산 현장이며, 또한 그곳 주민의 생활 중심지인 도시에 기능적으로 통합된 영역적 개체이다.

촌락의 상대적 중요성

오늘날 도시 인구는 증가하는 반면 촌락의 절대 인구는 줄어들고 있다. 그러나 수적數的으로 볼 때, 촌락의 수가 도시의 수보다 훨씬

표 2-1. 우리나라 읍 인구와 면 인구 변화

(단위: 명, %)

연도	읍 인구	면 인구	읍 면 인구 합
1960	2,232,705(6.3)	15,463,046(61.9)	17,695,751(68.2)
1970	2,640,009(8.4)	15,870,380(50.4)	18,510,389(58.8)
1980	5,373,828(14.4)	10,628,371(28.0)	16,002,199(42.4)
1990	3,336,147(7.6)	7,765,782(18.8)	11,101,929(26.4)
2000	3,742,053(8.1)	5,600,788(12.2)	9,342,841(20.3)
2005	3,943,827(8.3)	4,820,371(10.2)	8,764,198(18.5)
2010	4,200,183(8.6)	4,557,463(9.4)	8,757,646(18.0)

많다. 오늘날 한국 인구의 80% 이상이 도시 공간에 거주하지만(표 2-1), 다른 한편으로 국토 면적의 80% 이상은 촌락 공간이 채우고 있다. 이처럼 촌락은 면적에 있어서 도시에 비해 우위를 차지하고 있으므로 국토 공간을 계획함에 있어서 반드시 고려해야 할 영역이다. 또한 촌락은 한반도의 문화와 역사를 말해 주는 전통적 장소와 경관들을 담아내고 있다는 점에서도 중요하다.

제3장
촌락에 대한 문화지리학의 연구

문화지리학(Cultural Geography)은 문화의 지리적 현상 혹은 공간적 현상을 다루는 지리학의 한 분과로, 촌락지리학과 매우 밀접한 관계를 갖고 있다. 많은 문화지리학자들이 도시보다는 촌락에 대해, 현대 사회보다는 전통 사회에 대해 관심을 가져왔으며, 많은 촌락지리학자들은 촌락의 여러 측면 중에서도 문화적 측면에 주목해왔다. 그래서 지리학계에는 문화지리학자이면서 촌락지리학자인 지리학자들이 많다. 이 장에서는 촌락지리학과 밀접한 관련을 맺고 있는 문화지리학에 대해 고찰해 보고자 한다.

1. 문화에 대한 정의

우리는 일상생활에서 문화 생활, 문화 주택, 문화재, 문화인, 문화 시설, 문화 민족, 구석기 문화, 신석기 문화, 전통 문화, 현대 문화, 고급 문화, 기독교 문화, 이슬람 문화, 문화 교류, 대중문화, 청소년 문화, 자동차 문화, 음식 문화 등 문화文化라는 말을 매우 빈번하게 사용한다. 문화라는 용어는 라틴어의 쿨투라(cultura)에서 파생한 컬처(culture)를 번역한 말로 본래는 경작耕作이나 재배栽培를 뜻하였는데, 오늘날에는 이보다 훨씬 포괄적인 의미로 사용된다. 먼저 문화지리학이나 문화인류학 등 사회과학에서 말하는 문화에 대한 개념을 살펴보고자 한다(이전, 2008).

문화와 문명의 차이

유럽인들은 진화(evolution, 발전)의 개념을 인간 사회에 적용시켜 문명文明-미개未開라는 이분법적 사고로 인간 사회를 구분하고, 진화된 것을 문명, 그렇지 못한 것을 미개라고 표현하였다. 그런데 문화지리학이나 문화인류학 등 사회과학에서 말하는 문화는 문명과는 사뭇 다른 개념이다. 문명을 '발전된 것', 혹은 '개화된 것' 이라는 개념으로 파악하는 것은 가능하지만, 문화를 그러한 개념으로 이해해서는 안 된다. 그러므로 문화가 '발전된 것', 혹은 '개화된 것' 이라는 뜻으로 사용되는 문화인, 문화 시설, 문화 민족 등은 인류학자의 입장에서 보면 잘못된 표현이다. 문화지리학이나 문화인류학 등 사회과학에서 말하는 문화의 개념에는 '발전된 것'이나 '개화된 것' 이라는 의미가 함축되어 있지 않다는 점에 주의하여야 한다.

문화에 대한 총체론적 관점

총체론적 관점에서 문화는 '어떤 특정한 인간 집단이 공유하고 있는 생활양식의 총집합체' 라고 정의하기도 하고(Jordan and Rowntree, 1986: 4), 또는 '인류의 사고思考와 생활 방식 중에서 학습에 의해서 소속된 사회로부터 습득하고 전달받은 것 전체를 포괄하는 총칭' 이라고 정의하기도 한다. 영국의 인류학자 타일러(Edward Burnett Tylor, 1832~1917)는 그의 저서 『미개문화(Primitive Culture)』 (1871)에서 문화를 총체론적 관점에서 정의한 바 있는데, 그는 문화를 '지식, 신앙, 예술, 법률, 도덕, 관습, 그리고 사회 구성원으로서의 인간에 의하여 얻어진 다른 모든 능력이나 습관들을 포함하는 복합총체複合總體' 라고 규정하였다. 타일러에 따르면, 문화는 신앙이나 관습 등은 물론이고 손도끼나 쟁기 등의 구체적인 사물뿐만 아니라 그릇을 만들고 고기를 잡는 기술까지도 포함하는 인간 고유의 모든 사물이나 사건들을 가리킨다.

문화에 대한 타일러의 정의를 계승한 인류학자 화이트(Leslie A. White, 1900~1975)는 '인간은 어떤 의미를 자유롭게 만들어 낼 수 있고, 외부 세계에 있는 사물이나 사건들에 어떤 의미를 부여할 수 있으며, 또한 그 의미를 이해할 수 있는 능력을 갖고 있다' 고 보았다. 이러한 인간의 행위와 능력을 상징 행위(symbolling)라고 하는데, 인간은 상징 행위를 할 수 있는 유일한 존재이다. 화이트는 인간 고유의 상징 행위에 기초하는 사물이나 사건을 상징물(symbolate)이라고 부르고, 이것이 곧 문화를 구성한다고 보았다. 화이트는 사물이나 사건이 어떤 맥락에서 인식되느냐가 중요하다고 본 것이다.

문화에 대한 관념론적 정의

관념론적 관점에서는 '행태를 지배하는 규칙 또는 원리'를 문화라고 정의하고, 실제적인 행태는 문화의 범주에 포함하지 않는다. 그러므로 관념론적 관점에서 문화는 외형적으로 관찰할 수 있는 사람의 행태나 구체적인 사물 그 자체가 아니라 '사람들의 마음속에 있는 모델'이다. 다시 말해, 문화는 구체적으로 관찰된 행태 패턴이 아니라 '그러한 행태를 규제하는 규칙 체계'이다. 특정한 문화 집단은 특정한 규칙 체계를 공유하고 있는 집단이고, 문화는 '집단 구성원들의 행태에 공통으로 내재하고 있는 규칙 또는 원리'이다.

2. 문화의 속성

문화의 개념에 대하여 학자들의 견해가 엄밀하게 일치하지는 않는다. 즉, 학자에 따라 문화에 대한 정의가 다소 달라진다. 그러나 문화의 속성에 대해서는 문화지리학자나 문화인류학자 등 대다수의 사회과학자들이 매우 일치된 견해를 갖고 있다. 문화의 속성으로는 공유성, 학습성, 축적성, 전체성, 변동성을 들 수 있는데, 이를 문화의 5대 속성이라고 한다.

문화의 속성 l : 공유성

문화는 특정한 사회 또는 인간 집단의 구성원들이 공유하는 것이다. 예컨대, 인간이 언어생활을 할 수 있는 것은 특정한 인간 집단의 구성원들이 특정한 언어를 공유하기 때문이다. 그 구성원들이 지역이나 성별, 연령에 따라 조금씩 다른 언어를 사용할지라도, 그들 모두가 공통의 언어 기호적 전통을 공유하기 때문에 의사소통을 할 수 있다. 만약 사람마다 다른 소리를 낸다면 언어생활은 곤란하게 될 것이다. 특정한 인간 집단의 구성원들이 구사하는 사고나 행태 중에서 사람마다 다른 독특한 사고나 행태는 개성이나 버릇이지 문화가 아니다.

문화는 특정 인간 집단의 구성원들이 공유하는 것이지만, 경우에 따라서 어떤 사고나 개성은 비록 공유되는 것이 아닐지라도 문화의 범주에 들어간다. 예컨대, 개그맨이 관중을 위해 연출하는 독특한 언행, 또는 정치인이 청중에 대하여 구사하는 독특한 언행 등은 문화의 범주에 포함된다.

문화의 속성 II: 학습성

문화는 선천적인 본능이 아니고 후천적인 학습을 통하여 습득한다. 인간은 다른 동물들과 마찬가지로 먹고, 잠을 자며, 생식 기능을 갖고 있으며, 집단을 이루고, 서식처를 갖고 있다. 그런데 이러한 동물적 욕구를 만족시키는 방식은 문화 집단마다 매우 다양하다. 인간은 모방에 의하여 또는 언어라는 도구를 통하여 동물적 욕구를 만족시키는 방식을 포함한 많은 행태를 학습한다. 이렇게 학습된 많은 행태들은 문화를 구성한다. 예컨대, 영양 보충을 위해 음식물을 섭취하는 행위 자체는 본능적인 것이기 때문에 문화의 범주에 속하지 않는다. 그러나 음식물을 섭취하는 다양한 방식은 후천적인 것이고, 학습에 의하여 습득하는 것이기 때문에 문화의 범주에 속한다.

인간의 언어생활은 특정 언어의 문법 체계가 선천적으로 인간의 두뇌에 프로그램 되어 있기 때문에 가능한 것이 아니라, 학습에 의하여 언어를 습득하기 때문에 가능한 것이다. 동물들도 의사소통을 할 수 있지만, 그 소리와 관념은 인간의 언어처럼 발달하지 못하였다. 인간은 유아기부터 적절한 사회화(socialization) 과정을 거쳐야 정상적으로 언어를 습득할 수 있다. 사회화란 인간이 자신이 속하는 사회의 문화를 익혀 가면서 성숙해 가는 것을 말하는데, 언어 습득도 이러한 사회화 과정의 일부이다.

영장류들은 인간만큼 고도의 학습 능력을 갖고 있지는 못하지만, 학습에 의하여 문화를 습득할 수 있다. 일본 원숭이에게 흙 묻은 고구마를 주었더니 원숭이들은 흙을 손으로 털어 내고 먹었다. 우연하게도 원숭이는 흙 묻은 고구마를 물에 떨어뜨렸고 고구마의 흙이 물에 잘 씻긴다는 사실을 알게 되었다. 이제 원숭이들은 흙 묻은 고구마를 물에 씻어 먹을 줄 알게 되었다. 나중에 물을 멀리 치우고 원숭이들에게 흙 묻은 고구마를 주었더니, 원숭이들은 고구마를 씻을 물을 먼저 찾았다. 일본 원숭이가 흙 묻은 고구마를 씻어 먹는 것은 선천적 능력에 의한 것이 아니라 후천적 학습에 의한 것이다. 또한 아프리카의 침팬지가 가늘고 긴 나뭇가지를 개미굴 속에 넣어다 뺐다 하면서 개미를 잡아먹는 것도 선천적인 능력에 의한 것이 아니라 후천적인 학습에 의한 것이다. 어린 침팬지들은 개미에 물릴 위험이 있기 때문에 18~22개월이 되어야 개미를 잡기 시작하고 세 살이 되어야 능숙해진다. 이와 같이 어린 침팬지가 어른 침팬지로부터 개미 잡기를 배우는 데는 상당한 시간이 걸린다.

문화의 속성 III: 축적성

문화는 한 세대에서 다음 세대로 전해지면서 축적된다. 주거 형태나 건축 방식, 경작과 제작의 기술 등과 같은 문화 영역들은 한 세대에서 다음 세대로 전해지면서 매우 오랫동안 유지된다. 영장류는 현장을 보지 않고는 학습할 수 없지만 인간은 직접 경험하지 않고서도 언어를 통해서 지식과 기술정보를 학습하고 이를 축적할 수 있다. 인간이 한 세대에서 이루어진 경험과 지식을 다음 세대로 전달할 수 있는 것은 상징적 언어를 사용할 수 있기 때문이다. 인간의 문화적 특성들은 한 사람에게서 다른 사람에게로, 한 세대에서 다음 세대로 전해졌으며, 인간은 그러한 과정을 통하여 지식의 축적을 거듭해 왔다.

문화의 속성 IV: 전체성

문화는 대체적으로 하나의 통합적인 전체를 이룬다. 이 말은 문화가 하나의 체계(system)를 이룬다는 뜻이다. 문화는 많은 하위 단위로 구성되어 있으며, 각 하위 단위는 많은 문화 요소로 구성되어 있다. 각 하위 단위들은 자체적으로 고유한 기능을 갖고 있고, 상호 긴밀한 관계를 유지하면서 하나의 통합적인 전체를 이루고 있다. 통합적인 전체를 이룬다는 말은 한 사회의 정치적 측면, 경제적 측면, 사회적 측면 등이 서로 밀접하게 관련되어 있다는 것이다.

오스트레일리아 북동부의 케이프요크(Cape York) 반도에 살던 원주민 이르 요론트(Yir-Yoront) 부족 사회는 수렵과 채집 중심의 구석기 문화에 살고 있었다. 이 부족 사회에서 돌도끼를 제작하는 기술은 원래 성인 남성들만이 소유하고 있었다. 돌도끼의 제작과 소유는 경제 활동뿐만 아니라 남성의 우월한 지위, 장유유서의 질서에서 가장 중요한 기초를 형성하고 있었고, 이를 바탕으로 남성들만이 참여하는 종교 의식이나 정치적 의사 결정 기구가 권위를 유지했다. 그런데 20세기 초 성공회 선교 캠프가 설치되고 백인 신부들은 이르 요론트 사람들에게 쇠도끼를 선물하였다. 이 일로 인해 이르 요론트 부족 사회는 심대한 문화 변동을 경험하였다. 쇠도끼 유입이 이르 요론트 사회의 남녀 관계, 가족 · 친족 조직, 경제 · 정치 활동, 종교 활등 등에 엄청난 결과를 초래한 것이었다(최협, 2005).

문화의 속성 Ⅴ: 변동성

문화는 내부적인 요인이나 외부적인 요인으로 인하여 항상 변동하고 있는데, 이를 문화 변동(cultural change)이라고 한다. 문화 변동의 요인에는 발견과 발명, 국가의 정책, 반란과 봉기, 문화 전파(cultural diffusion), 문화 접변(acculturation) 등이 있다.

문화 전파는 한 사회의 문화 요소들이 다른 사회로 전달되어 그 사회의 문화와 통합되는 과정을 말한다. 문화 전파를 문화 확산文化擴散이라고도 한다. 문화지리학자들은 문화 전파의 유형을 크게 이동 전파(relocation diffusion)와 팽창 전파(expansion diffusion)로 나눈다. 이동 전파는 인구 이동을 수반하는 문화 전파로서 이주 전파라고도 한다. 이동 전파는 어떤 아이디어나 문화 요소를 소지한 인간들이 직접적으로 이동하여 다른 지역에 정착함으로써 전파가 일어나는 것인데, 유럽인 기독교도들이 아메리카 대륙에 정착함으로써 기독교가 아메리카 대륙에 전파된 것은 이동 전파의 좋은 예에 속한다. 팽창 전파는 인구 이동을 수반하지 않는 문화 전파로서 확대 전파라고도 한다. 팽창 전파에는 자극 전파(stimulus diffusion), 계층 전파(hierarchical diffusion), 전염 전파(contagious diffusion) 등이 있다. 자극 전파는 다른 문화에서 얻은 아이디어를 바탕으로 새로운 발명을 일으키는 것을 말한다. 즉, 전파와 발명이 복합되어 일어나는 것이다. 계층 전파는 도시 계층(대도시→중도시→소도시)을 따라 혹은 인간의 신분 계층을 따라 일어나는 전파이다. 그리고 전염 전파는 마치 전염병이 전염되어 퍼지듯이 문화 요소가 바로 인접한 사람이나 사회에 의하여 받아들여져서 점차로 멀리 전파되는 것이다.

문화 접변은 상이한 문화 집단이 지속적이고 직접적인 접촉을 할때 어느 한쪽 또는 양쪽 문화 집단에서 일어나는 광범위한 문화 변동을 말한다. 문화 접변은 식민지 지배나 정복 상태에서 가장 흔히 나타난다. 종속적인 문화 집단은 지배적인 문화 집단으로부터 많은 문화 요소를 받아들여 종종 광범위한 문화 변동을 경험하게 된다. 문화 접변은 두 개의 문화가 통합(incorporation)되어 새로운 문화가 형성되는 경우도 있고, 어떤 문화가 다른 문화의 영향을 받아서 그와 유사한 형태의 문화로 동화(assimilation)되는 경우도 있으며, 어떤 문화 자체가 완전히 소멸(extinction)되는 경우도 있다. 문화 접변은 매우 다양한 과정을 통하여 일어난다. 새로운 문화 요소가 추가

(addition)되는 과정이 있을 수 있고, 기존의 문화 요소가 탈락 (deculturation)되는 과정도 있을 수 있으며, 새로운 문화 요소가 발생 (origination)하는 과정도 있을 수 있다. 그리고 문화의 구조적인 변화 는 별로 일어나지 않고 이전에 존재하던 문화 요소 또는 문화 복합 이 새로운 문화 요소 또는 문화 복합으로 대체(substitution)되는 과정 도 있을 수 있다. 또한 서로 다른 문화 요소 혹은 문화 복합이 혼합 되어 아주 새로운 체제를 갖추고 나타나는 제형 융합(諸形融合, syncretism)의 과정이 있을 수도 있다.

우리는 '우리의 고유한 문화를 잘 보전하여 발전시키자!'라는 말 을 종종 듣는데, 과연 우리의 고유한 문화가 무엇일까? 오늘날 우리 의 의상, 머리 모양, 주택은 우리의 고유한 것이 아니다. 우리의 정 치 제도는 서구에서 발달한 제도를 모방하여 수용한 것이고, 중 · 고등학교 사회 교과서에서 중시하는 인권 · 자유 · 평등 · 정의 등의 개념도 우리 스스로 창안한 개념은 아니다. 우리 사회에서 널리 수 용하고 있는 불교와 기독교 등의 종교도 고유한 것이 아니고, 유교 또한 고유한 것이라고 말하기 어렵다. 이와 같이 주변에서 우리의 고유한 것을 찾기 어려울 정도로 우리 사회와 문화는 부단히 변화 해 온 것이다.

3. 문화지리학의 발전과 연구 동향

칼 사우어의 생애와 버클리 학파의 문화지리학

칼 사우어(Carl Sauer)는 33세의 나이에 버클리 캘리포니아 대학(University of California at Berkeley) 지리학과장에 취임하고, 유명한 방법론적 논문인 『경관의 형태학(the Morphology of Landscape)』(1925)을 발표하였다. 사우어는 이 논문에서 지리학 분야에 대한 그의 사고를 피력하였다. 그는 그때까지 미국 지리학계에 팽배하여 있던 획일적인 환경결정론을 반박하였다. 그의 사고는 20세기 초까지 미국의 지리학계에서 유행하던 환경결정론을 벗어나 객관적이고 과학적인 지역 연구를 하는 길잡이 노릇을 했다고 할 수 있다. 사우어는 다수의 제자를 양성하였고, 그의 제자들이 미국 문화지리학계를 이끌어 감으로써 미국 문화지리학계에 많은 영향을 미쳤다. 한국 최초의 지리학 박사였던 이찬(李燦, 1923~2003)은 루이지애나 주립대학(Louisiana State University)에서 사우어의 제자였던 니펜(Fred Kniffen, 1900~1993)의 지도하에 1960년 박사 학위를 받았고, 그의 제자들이 한국 문화지리학계에 크게 기여하였기 때문에 한국의 문화지리학 연구도 사우어의 영향을 많이 받은 셈이다.

사우어는 문화 경관을 강조하였는데, 문화 경관은 인간의 활동에 의하여 자연 경관이 변화하여 만들어지는 경관이라고 규정하였다. 사우어는 인간을 '문화를 전파하는 인자'이며 '자연환경을 변화시키는 인자'로서 다루었다. 그의 학문적 업적은 인간이 어떻게 가축과 작물을 전파하였고, 어떻게 자연 경관을 문화 경관으로 변화시

커 왔는가를 추적하고 해석하는 것이 주종을 이루었다(윤홍기, 2009: 15). 사우어의 문화지리학 연구 방법은 그 뒤 많은 문화지리학자에 의해 받아들여졌고, 이러한 경향의 문화지리학은 버클리 학파의 문화지리학이라고 불리게 되었다.

신문화지리학의 등장과 연구 방법

1980년대부터 버클리 학파의 문화지리학을 비판하는 새로운 경향의 문화지리학 연구가 등장하였는데, 이러한 경향의 문화지리학을 신문화지리학이라고 한다. 신문화지리학자들은 인간을 '어떤 장소에 문화 현상을 만드는 인자'로서 파악한다. 또한 문화를 초유기체적인 것으로 보는 것이 아니라, 인간에 의해 만들어진 전통 및 믿음 체계에 지나지 않는다고 본다. 신문화지리학자들은 경관을 '인간이 일정한 장소에 만들어 낸 문화-사회-정치적 현상'으로 보며, 자연환경이 그러한 경관의 무대인 점은 별로 고려하지 않는다. 그래서 그들은 경관을 이룩하고 구성하게 한 사회적·정치적 힘을 강조하고, 경관의 사회문화적 기능과 상징성에 보다 많은 관심을 갖고 있다. 신문화지리학자들은 경관을 텍스트로 보는데, 이는 경관을 어떤 메시지가 담긴 글과 같이 읽는다는 것이다. 일부 신문화지리학자들은 지표에 실제로 표현된 현상보다는 '사물을 보는 방법'에 집착하여 경관을 존재론적 대상으로 보지 않고 인식론적 대상으로 본다(윤홍기, 2009: 16~19).

제4장
촌락지리학이란?

1. 촌락지리학에 대한 정의

촌락지리학은 '촌락의 발생, 입지, 형태, 기능 등과 같은 문제를 지리적 환경과 관련시켜 연구하는 학문 분야'인데, 영어로 'Rural Geography' 또는 'Geography of Rural Settlements'라고 표현한다. 1950년경 이전에는 촌락지리학이 인문지리학의 중심적 분야였으나 그 후부터 도시지리학의 발달로 인하여 인문지리학에서 차지하는 비중이 많이 줄어들었다. 취락지리학(Settlement Geography)은 촌락지리학(Rural Geography)과 도시지리학(Urban Geography)으로 대별되어 왔으나 도시에 대한 관심이 커지면서 도시지리학이 취락지리학으로부터 독립·분화되어 갔다. 이에 따라 오늘날 취락지리학은 촌락지리학만을 의미하는 경우가 많다. 따라서 촌락지리학이 취락지리학의 전통을 계승하고 있다고 할 수 있다.

촌락에 대한 지리학적 연구는 19세기 전반 리터(Carl Ritter)의 연구로부터 시작되었다. 리터는 경관을 구성하는 여러 요소 간의 상호의존을 연구 대상으로 삼았다. 이러한 촌락지리학은 19세기 후반과 20세기 전반에 독일, 프랑스의 근대 지리학자들에 의하여 크게 발전하였다. 20세기 전반에는 주로 촌락의 형태나 구조와 같이 촌락의 물질적·가시적 측면에 관심을 기울였고, 20세기 중반에는 주로 계량 혁명의 토대 위에서 촌락의 인구 분포와 밀도, 접근성, 고용구조의 변화 등을 다루었다. 20세기 후반에는 세계화로 인한 촌락경제의 재편에 많은 관심을 기울였고, 20세기 말부터는 '문화적 전환(cultural turn)'의 흐름 속에서 촌락의 비물질적·비가시적 측면에 관심을 기울이면서 '촌락 경관에 내포된 의미의 세계'와 '촌락성 (rurality)의 사회적 구성' 등을 다루었다(전종한, 2009).

2. 촌락지리학의 연구 대상

촌락지리학 관심사의 변화에서 살펴본 바와 같이 근대 지리학자들은 여러 수준에서 또한 다양한 관점에서 촌락을 연구해 왔다. '촌락지리학의 연구 대상이 무엇인가' 라는 문제는 지리학자의 관점에 따라 매우 다양하게 제시될 수 있다. 어떤 지리학자들은 촌락의 발달(process)에 관심을 갖고, 어떤 지리학자들은 촌락의 입지(location)에 관심을 기울인다. 또한 어떤 지리학자들은 농장·울타리·경지등과 같은 개별 형태(pattern)의 특색과 질에 집중적인 관심을 갖고, 어떤 지리학자들은 촌락 패턴을 형성하게 하는 기능(function)에 지대한 관심을 기울인다. 이 책에서는 촌락지리학의 연구 대상을 ① 촌락 발달론, ② 촌락 입지론, ③ 촌락 형태론, ④ 촌락 기능론으로 설정하여 논의하고자 한다.

촌락 발달론은 촌락의 기원과 과거에서 현재까지의 변화 과정을 고찰하거나 또는 과거의 촌락을 복원하는 분야이다. 모든 지리적 현상은 역사를 내포하고 있기 때문에 현재의 지리적 현상은 시계열 時系列의 변화 속에서 이해할 수 있는데, 촌락 발달론은 역사지리학의 다양한 접근법을 동원하여 촌락을 시계열의 변화 속에서 이해하고자 하는 분야이다.

촌락 입지론은 촌락이 어떠한 장소에 성립되며, 지리적 환경에 적응하면서 어떻게 분화하였는가를 해명하는 분야이다. 다시 말해, 촌락의 분포 한계와 지리적 환경에 대한 적응 상태를 파악하고, 입지 요인을 다각도로 규명하는 분야이다. 촌락의 입지는 자연환경과 결부하여 이해할 수 있을 뿐만 아니라 교통·방어 등의 인문적 요인과 결부하여 이해할 수도 있다. 우리나라의 경우, 풍수지리와 비보 사상 등의 전통 사상이 촌락 입지에 매우 심대한 영향을 미치기도 하였다.

촌락 형태론은 촌락의 기하학적 형태를 다양한 유형으로 분류하고, 이러한 유형을 성립시킨 요인을 연구하는 분야이다. 이 분야에서는 농장·울타리·경지 등과 같은 형태와 가옥의 밀집도, 평면 형태, 배치 방향, 건축 재료, 부속 건물 등을 조사·연구한다. 촌락 형태론을 통해 촌락의 여러 구성 요소 중에서 지역성을 상징할 수 있는 중심적인 것이 무엇인가를 탐구할 수 있다.

촌락 기능론은 촌락 주민의 생업에 주목하여 생산과 소비에 관한 조직과 촌락 생활의 내면적 특성을 탐구하는 분야이다. 촌락을 기능에 의해 분류하면, 농업을 영위하는 농촌, 수산업을 주로 하는 어촌, 임업을 주로 하는 임업촌, 광산업을 주로 하는 광산촌, 관광업에 의존하는 관광촌 등으로 크게 구분할 수 있다.

제2부
촌락지리학의 연구 주제

제5장
촌락 발달론: 촌락의 발생과 변화

1. 촌락에 대한 역사지리학

역사지리학이란 무엇인가?

역사지리학(Historical Geography)은 과거 지리(geography of the past)
에 대한 연구라고 할 수 있으며, 지역 변화와 관련된 매우 다양한
주제를 다룬다. 역사지리학자들은 지구 상의 다양한 사회들이 그들
의 환경과 상호작용하면서 독특한 문화적 특성을 어떻게 출현시키
고 발달시켰는가에 관심을 갖는다. 다시 말해, 역사지리학자들은
인간이 자연환경과 어떻게 상호작용하였는가, 그리고 어떻게 문화
경관을 만들었는가 등을 포함하여 시간의 흐름에 따른 지리적 패턴
을 연구한다.

역사지리학의 세 가지 접근법

역행적(후퇴적) 접근법

역행적(후퇴적) 접근법(retrogressive approach)은 과거(초기의 조건)에 관심을 두는 역사지리학의 접근법이다. 이 접근법은 과거의 경관을 분석하기 위하여 먼저 현재의 경관을 분석하는 것이 필요하다고 본다. 다시 말해, 과거의 경관을 이해하기 위해 현재를 검토하는 것이다. 이 접근법은 영화 필름을 반대 방향으로 돌리는 것에 비유된다.

회고적 접근법

회고적 접근법(retrospective approach)은 현재에 관심을 두는 역사지리학의 접근법이다. 이 접근법은 현재의 경관을 잘 이해하기 위해 과거의 경관을 분석하는 것이 필요하다고 본다. 현재의 경관은 그 기원을 살핌으로써 해결될 수 있는 문제들이 많다. 회고적 접근법은 발생적 설명 또는 역사적 설명과 많은 공통점을 갖는다.

횡단면법

횡단면법(cross-sectional approach)은 특정한 시점의 사회와 경관에 관하여 기술하는 역사지리학의 접근법이다. 특정한 시점에 국한하여 연구한다는 점에서 공시적 분석의 특징을 갖고 있으나, 연속되는 시기의 횡단면을 연구하는 경우에 통시적 분석의 특징을 가질 수도 있다. 영국의 지리학자 다비(H. C. Darby)는 『AD 1800년대 이전 영국의 역사지리학(An Historical Geography of England before AD 1800)』(1936)에서 과거의 지리를 복원하기 위해서 연속되는 시기의 횡단면들을 이용하였다.

공시적 분석과 통시적 분석

공시적 분석

공시적 분석(synchronic analysis)은 특정 시점에서 체계가 갖는 내적 연계 구조에 관한 연구이다. 공시적 분석은 역사지리학 횡단면법의 가장 뚜렷한 특징이다. 또한 공시적 분석은 기능주의와 중요한 관련성이 있다.

통시적 분석

통시적 분석(diachronic analysis)은 어떤 체계를 구성하는 요소 혹은 성분에서 일어난 변화가 그 체계 내의 다른 요소에게로 전달되고 분배되는 메커니즘에 관한 연구이다. 전통적인 서술사(narrative history)와 역사지리학의 수직적 주제의 복원(the reconstruction of vertical themes)이 가장 흔한 통시적 분석이다.

2. 우리나라 촌락의 발달

촌락은 시대에 따라 변화한다. 특히 기술의 혁신에 따른 변화가 크다. 교통수단이 말馬이었던 시대에는 그와 관련된 촌락의 형태가 나타났고, 철도의 개통과 더불어 촌락 형태가 다르게 변화하였으며, 자동차와 비행기의 등장에 따라 더욱 새로운 촌락 형태가 출현하였다.

선사 시대의 취락

선사 시대의 취락은 음료수를 얻을 수 있고 충분한 일조량을 취할 수 있으며 홍수를 피할 수 있는 곳에 입지한다. 선사 시대의 취락은 주거지, 고분, 성곽, 패총 등의 유적遺跡과 석기, 골기, 토기 등의 유물遺物 등을 통하여 연구한다. 주거지는 자연 이용 단계의 동굴과 인위적인 주거지 단계의 움집[수혈 주거(竪穴住居)]으로 구분된다. 움집의 바닥은 대개 원형이거나 모서리가 둥근 네모꼴이다. 움집의 중앙에는 불씨를 보관하거나 취사와 난방을 위한 화덕[노(爐)]이 위치하였다. 햇빛을 많이 받는 남쪽으로 출입문을 내었으며, 화덕이나 출입문 옆에는 저장 구덩이를 만들어 식량이나 도구를 저장하였다. 집터의 규모는 4~5명 정도의 한 가족이 살기에 알맞은 크기였다.

취락은 신석기 시대에 농경이 시작되면서 형성되었다. 한반도의 신석기 시대는 BC 6000년경부터 BC 1000년경까지 약 5,000년 동안 존속하였다. 신석기 시대 유물의 특징은 간석기와 토기의 출현이라 할 수 있다. 토기의 제작은 그만큼 인지가 발달하였음을 나타내며, 그 안에 음식물이나 물을 담아 저장할 수 있어 생활의 편리를 가져왔다. 한반도 신석기 시대의 대표적인 토기는 빗살무늬 토기이다.

:: 참고 움집(수혈 주거)

땅을 원형 또는 방형으로 깊게 파고 가운데 기둥을 세워 여기에서부터 지면으로 서까래를 걸치고 그 위에 풀이나 나무, 흙을 덮어 비와 바람을 막았으며, 대개 중앙에 흙과 돌로 만든 화덕의 설비가 있어 취사와 난방으로 이용되었다. 움집은 지중의 상태에서 지상의 것으로 발전해 나갔다.

움집이 원형인 경우에 서까래들의 한쪽 끝은 원추형의 꼭짓점에 모아 자연에서 채취한 넝쿨과 같은 것으로 묶고, 다른 끝은 지상에 원을 그리면서 기대 놓아, 원추형의 지붕틀을 만든다. 그리고 그 위를 나뭇가지와 풀들을 덮어 지붕을 이룸으로써 하나의 움집을 형성한다(그림 5-1).

원형 움집보다 한 단계 발달한 타원형 움집의 경우, 중앙에 몇 개의 기둥을 주춧돌 없이 한 줄로 세워 기둥 상부에 도리를 얹고 여기에 서까래를 얹는다. 이때 평면의 중앙이나 안쪽 양측에 보(들보: 두 기둥 위를 건너지른 나무)들을 걸어 지붕틀을 좀 더 견고하게 할 수도 있다. 지붕틀에 나뭇가지나 풀을 덮어 지붕을 만드는 작업은 원형 움집의 경우와 동일하다(그림 5-2).

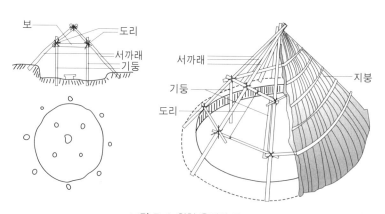

그림 5-1. 원형 움집의 구조

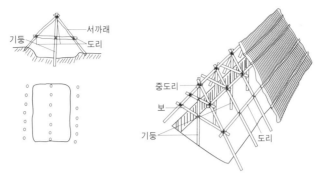

그림 5-2. 타원형 움집의 구조

:: 참고   패총貝塚

일명 조개무지 또는 조개 무덤이라고도 한다. 조개껍데기가 지닌 석회질로 인하여 그 안에 있는 유물이 잘 보전되어 고고학상 귀중한 연구 자료를 제공한다. 어로 활동이 주된 생업이고 패류가 매우 중요한 식품이던 사회에서 발견된다. 패총은 주로 해안과 하안에 분포한다. 패총의 분포는 선사 시대의 취락 입지를 이해하는 데 중요한 자료가 된다. 패총에는 조개껍데기뿐만 아니라 오늘날의 쓰레기장과 같이 쓸모없는 도구를 버렸기 때문에 토기, 석기, 골기, 금속기 등 다수의 유물이 발견된다. 이러한 유물을 통하여 그 당시의 생활양식을 추정할 수 있다.

고대–중세의 취락

청동기 문화 혹은 철기 문화가 전국으로 확산되면서 군장 국가(군장 사회, 성읍 국가, 부족 국가)가 발달하였다. 기록을 통해 삼국 시대에 온돌溫突 구조가 있었음을 추측할 수 있고, 초가집, 기와집, 너와집, 귀틀집 등이 동시에 존재하였음을 알 수 있다.

:: 참고 온돌

'온돌'은 우리 민족의 전통적인 난방 방법이다. 고구려 시대부터 온돌이 있었는데, 고려 시대와 조선 시대를 거치면서 점차 발전하였다. 방바닥 전체에 온돌을 까는 방식은 조선 후기에 들어와서 정착하였다. 온돌과 구들은 같은 것이다. 구들은 순우리말 이름이고, 온돌은 구들을 한자어로 쓴 것이다. 국사학자 손진태 선생은 구들의 어원을 '구운 돌'에서 찾고 있으며, '구돌', '구둘'을 거쳐 '구들'이라는 이름으로 정착된 것으로 추정한다.

온돌은 방바닥을 골고루 덥게 해주고 습기가 차지 않도록 하여 기거하기에 적합하도록 하며 화재에도 비교적 안전한 난방 방식이다. 방바닥을 만드는 얇고 넓은 돌을 '구들장'이라고 하며, 방 구들장 밑으로 낸 고랑을 '방고래' 혹은 '고래'라고 한다. 부엌에서 취사 혹은 난방을 하기 위해 아궁이에 불을 지피면, 방고래를 통해 불길과 연기가 나가면서 구들장을 덥혀 준다. 아궁이에서 열 공급이 중단된 후에도 데워진 구들장이 서서히 열을 방출하기 때문에 급속히 냉각되지 않는다(그림 5-3, 5-4).

오늘날 전통적인 구들 난방 방식은 거의 사라져 찾아보기 힘들게 되었다. 우리나라의 아파트나 단독 주택에 널리 보급되어 있는 보일러식 난방 방식은 우리 고유의 전통적 구들 난방 방식을 현대식 난방 방식으로

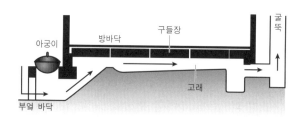

그림 5-3. 온돌의 구조

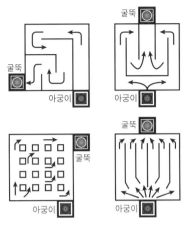

그림 5-4. 방고래 양식

발전시킨 것이다.

신라는 삼국 통일의 대업을 완수(당의 세력이 물러남, 문무왕 16년, 676년)한 이후에 행정구역을 개편하였다. 신라는 685년(신문왕 5년)에 9주 5소경의 지방 제도를 만들었다(표 5-1). 주州 밑에는 군현郡縣을 설치하였는데, 『삼국사기』 지리지에 의하면 전국에 120군 305현이 있었다고 한다. 『삼국사기』 신라본기 경덕왕 16년 조에는 117군 293현으로 그 수효가 다르게 기록되어 있다.

통일신라 시대의 '촌村'은 말단 행정구역으로 10호 내지 15호 가량의 혈연 집단이 거주하는 자연 마을을 기준으로 편성되었다. 몇 개의 '촌'을 관장하는 촌주가 있었고 '촌' 단위의 장적帳籍이 작성되어 있었다.

고구려의 옛 땅에서 발흥한 고려는 국호에서 상징하는 바와 같이 고구려의 옛 영토를 수복하는 데 역점을 두었고, 그것은 북진 정책

표 5-1. 통일신라의 행정구역

9주					5소경		
원 지명	경덕왕 개칭명	현 지명	군 (120)	현 (305)	소경 명	현 지명	설치 연대
사벌주	상주(尙州)	상주	10	31	금관(金官) 소경	김해	문무왕20년(680년)
삽양주	양주(良州)	양산	12	40	중원(中原) 소경	충주	진흥왕18년(557년)
청 주	강주(康州)	진주	11	30	북원(北原) 소경	원주	문무왕18년(678년)
한산주	한주(漢州)	경기 광주	28	49	서원(西原) 소경	청주	신문왕 5년(685년)
수약주	삭주(朔州)	춘천	12	26	남원(南原) 소경	남원	신문왕 5년(685년)
하서주	명주(溟州)	강릉	9	26			
웅천주	웅주(熊州)	공주	13	29			
완산주	전주(全州)	진주	10	31			
무진주	무주(武州)	광주	15	43			

과 더불어 한민족의 거주 공간을 북쪽으로 확장시켰다. 고려 시대에 농장農莊은 촌락의 중심으로 성립되었다. 대규모 농장에는 그 안에 몇 개의 촌락을 포함하고 있었을 것이다.

특수 촌락인 향·소·부곡

향·소·부곡의 기능과 기원

향·소·부곡은 지방의 특산물을 국가에 공납하는 특수 촌락이다. 향鄕과 부곡部曲에는 농민들이 거주하고, 소所에는 국가에서 필요로 하는 금·은·동·철·종이·먹·도자기·소금·기와 등 특정 공납품을 만들어 바치는 주민들이 거주하였다. 향과 부곡은 이미 신라 시대부터 존재하였고, 소는 고려 시대에 들어와 발생하여 전국적으로 존재하였지만 후기로 갈수록 점차 소멸되어 갔다.

『신증동국여지승람』에 의하면, 조선 전기에는 13개의 향·소·부곡이 있었을 뿐이었으나, 그 이전에는 향 138개, 소 241개, 부곡

406개 등 모두 785개가 있던 것으로 파악되고 있다. 향·소·부곡의 기원은 자세하게 연구되어 있지 않다.

향·소·부곡 구성원의 신분적 성격

① 천인론(賤人論)

향·소·부곡의 사람들은 일반적인 양민과 달리 그 신분이 노비·천민에 유사한 계급에 속하였다. 향·소·부곡은 국가가 성립되는 과정에서 전쟁 포로의 집단 거주지, 귀순한 사람들의 집단 거주지, 반역 죄인의 집단 유배지, 기타 특수한 생산 노비의 집단 거주지 등에서 유래한 것으로 추정된다.

천인론의 경우는 중국의 부곡민이 천인賤人 신분이었다는 사실과 실증적 근거로서 후대의 고려 시대 부곡민들에 대한 법제적 규정이 일반 군현에 비해 차등 적용되었다는 사실에 근거한다. 이러한 천인론에 입각한 연구는 부곡제 연구의 초기에 주류를 이루었다.

② 양인론(良人論)

부곡제가 군현제의 일환으로 존재한다. 즉, 부곡제는 군현제의 하부에 존재하는 지방 행정의 조직이라는 것이다. 부곡인은 자영농민으로 국가에 조세를 부담하였고 일반 군현민과 교류 이동을 할 정도로 이들과 신분적으로 차이가 없었다.

향·소·부곡의 소멸

고려 시대에 880여 개에 달하였으나, 고려 말부터 조선 초에 걸쳐서 국가의 대규모 군현제 정비가 이루어짐에 따라 향·소·부곡 촌락은 소멸되어 갔다. 부곡제 영역은 군현화郡縣化, 직촌화直村化, 내속화來屬化 등의 세 방향으로 소멸되어 갔다.

① 군현화: 부곡제 가운데 하나가 단독으로 직접 현으로 승격되거나 몇 개의 집단이 합쳐서 새로운 군현으로 신설되는 경우이다.

② 직촌화: 원래의 소속 군현에 그대로 흡수되어 해당 군현의 직할촌으로 된 경우이다.

③ 내속화: 군현 개편 과정에서 원래의 소속 군현에서 이속移屬되어 타 군현의 일부로 흡수되는 경우이다.

조선 시대의 읍 취락

조선 시대의 지방 행정 제도는 대체로 1413년(태종 13년)의 개혁이 있은 뒤에는 큰 변동이 없었는데, 이 개혁에서 전국을 8도道로 나누고 그 밑에 4부府, 4대도호부大都護府, 20목牧, 43도호부都護府, 82군郡, 175현縣을 두었다. 이 중 부, 목, 군, 현의 소재지가 읍邑 취락이다. 당시의 위치나 기능상으로 볼 때, 읍 취락은 도시의 범주에 속한다. 즉, 읍 취락은 지방 행정의 중심지였다. 이는 정치 취락인 동시에 군사 취락으로서의 성격을 또한 갖고 있었기 때문에 취락의 주위에 성벽을 구축하고 참호를 파서 방어 기능을 강화한 취락이 많았다.

:: 참고   우리나라 성의 유형과 기능

성城은 좁은 의미에서는 성벽城壁만을 말하는 것이지만, 일반적으로는 외적의 침입이나 자연적인 재해로부터 성안의 인명과 재산을 보호하기 위한 인위적 시설을 총체적으로 가리킨다. 엄밀한 의미에서 성곽城郭이라는 말은 '성城'과 '곽郭'을 합쳐서 칭하는 것으로서 '성'은 내성內城만을 가리키는 것이고 '곽'은 군사적인 방어 시설인 외성外城만을 칭하는 것이다. 그런데 우리나라에서는 내성과 외성을 분명하게 구별하여 사용하지 않았으며, 또한 '곽'을 생략하고 성만을 쌓기도 하였다.

성곽은 축조된 위치에 따라 평지성平地城, 산성山城 등으로 구분한다. 평지와 산기슭을 함께 감싸면서 돌아가도록 축조된 성은 평산성平山城 혹은 반산성半山城이라고도 부른다. 산성은 위치한 형태에 따라 산정식山頂式, 포곡식包谷式, 복합식으로 구분된다. 산정식 산성은 산정을 중심으로 그 주위에 성벽을 둘러 축조된 성이다. 산정을 중심으로 성벽을 두른 모습이 마치 산에 테를 두른 것처럼 보이기 때문에 산정식 산성은 테뫼식(퇴매식, 시루식, 발권식) 산성이라고도 부른다. 포곡식 산성은 성 내부에 계곡을 내포하고 있는 산성이다. 포곡식 산성의 성벽은 능선을 따라 계곡 부근의 평탄지로 내려와 계곡을 감싸고 다시 능선으로 이어져 올라가는 형태로 축조되어 있다. 복합식 산성은 기존의 산정식과 포곡식이 서로 결합하여 이루어진 형태라고 할 수 있다. 즉, 산정부에 산정식 산성이 있고 여기서부터 성벽이 확장되어 계곡부를 감싸고 축조된 포곡식 산성이 결합되어 있다.

성곽을 축성한 목적과 기능에 따라 다양한 유형의 성이 있었다. 지방의 행정 · 경제 · 군사 중심지 기능을 수행하는 읍성邑城, 창고를 보호하기 위한 창성倉城, 군사적 요충지에 쌓고 군인이 주둔하기 위한 진보鎭堡, 왕궁과 종묘사직을 지키기 위한 도성都城, 왕이 행차할 때 일시적으로 머물기 위한 행재성行在城, 국경과 요새에 쌓은 행성[行城: 일명 장성(長城)이라고 부름] 등은 성의 기능에 따른 다양한 유형의 성을 일컫는다. 우리나라에서 가장 흔히 볼 수 있는 성은 유사시에 대비하여 방어용 · 도피

용으로 쌓은 것인데, 이러한 성은 주로 적이 접근하기 힘든 산악에 위치하기 때문에 흔히 산성山城이라고 부른다. 남해안에는 임진왜란과 정유재란 때 왜군이 수축하거나 축조한 20여 개의 왜식성倭式城 혹은 왜성倭城이 있다.

성은 축조에 사용된 재료에 따라 토축성土築城, 석축성石築城, 목책성木柵城, 전축성塼築城 등으로 구분된다. 흙으로 쌓은 성을 토축성 혹은 토성이라고 한다. 토성 중에는 속에 돌을 넣은 석심토축성石心土築城도 있다. 석축성 혹은 석성石城은 돌로 쌓은 성을 가리키는데, 성벽의 외면만 돌로 쌓고 안쪽은 흙과 잡석을 넣어 쌓는 성도 석성에 속한다. 목책성은 나무를 세워서 쌓은 성이다. 나무 혹은 나뭇가지로 만든 목책에 진흙을 발라 담장처럼 만드는 목책성도 있다. 벽돌로 쌓은 성을 전축성이라고 하는데, 우리나라에는 성의 일부를 벽돌로 쌓은 경우는 있지만 전체를 벽돌로 쌓은 전축성은 없다.

토성, 석성, 목책성 등을 축조하는 방식은 획일적인 것이 아니다. 토성의 축조 방식에는 판축版築 기법, 삭토削土 기법 등이 있다. 판축 기법은 흙을 다져서 쌓은 기법이고, 삭토 기법은 성터의 안팎을 깎아 내황內隍과 외황外隍을 만드는 기법이다. 평지에서는 주로 판축 기법에 의한 토성이 축조되었으며, 산지에서는 삭토 기법을 쓰는 경우가 많았다. 석성의 축조 방식에는 협축夾築 방식과 내탁內托 방식이 있다. 협축은 성벽의 내외 면을 모두 수직에 가까운 석벽으로 구축한 것이다. 내탁은 외면만 석축을 이루고 안쪽은 흙과 잡석으로 다져서 쌓아 올린 것을 말하는데, 이러한 내탁에 의한 석성을 토석축성土石築城이라고도 한다. 목책성은 나무를 세워서 축조하는 성인데, 나뭇가지 부분까지 이용하여 세운 것을 목익성木杙城 혹은 녹각성鹿角城이라고 부르기도 한다. 또한 목책이나 목익을 다시 진흙으로 발라 마치 담장처럼 만든 것을 목책도니성木柵塗泥城 혹은 벽성壁城이라고 부르기도 한다.

:: 참고   성에 부설되는 시설

성곽은 성벽뿐만 아니라 그에 부설되는 여러 가지 시설을 포함하는 용어이다. 우선 가장 중요한 부설 시설로는 성문城門을 들 수 있는데, 성문에는 다양한 유형이 있다. 안과 바깥이 에스(S) 자형으로 굽어들며 들어가도록 된 문을 곡행문曲行門이라 한다. 평상시에는 다리를 들어 올려 성의 안팎이 통하지 못하게 하고, 필요할 때만 문을 내려 조교(釣橋: 성의 바깥 해자에 놓은 다리)를 통해 출입하는 성문을 현문懸門이라고 한다. 성문에는 아치형인 것, 사각형인 것 등 다양한 형태가 있다. 옹성(甕城 또는 甕城)은 성문의 보호를 위하여 성문의 바깥에 설치하는 것인데(그림 5-5), 반월형 옹성, 사각형 옹성, 엘(L) 자형 옹성 등 매우 다양한 형태가 있다. 성에는 암문暗門을 설치하기도 한다. 암문은 상황이 불리하여 몰래 성을 빠져나가는 데 이용되기도 하고, 적이 알지 못하는 곳에 설치하였다가 적을 뒤로 공격하는 데 이용되기도 한다. 수구문水口門은 성안의 물이 빠져나가기 위한 시설이다.

성의 부속 시설로는 적대敵臺가 있는데, 적대는 망루望樓처럼 먼 곳을 관측할 수 있는 시설일 뿐만 아니라 성벽에 바싹 다가붙은 적을 사각으로 공격하기 위한 시설이다. 적대는 성곽보다 높게 만들어서 적군의 동태와 접근을 감시할 수 있게 만들고 유사시 적을 공격할 수 있도록 설치한다. 경기도 수원의 화성을 축성할 때는 이미 총포가 사용되던 때이지만 과거의 축성법에 따라 적대를 만들어 화살 대신 총포를 쏠 수 있도록 총안을 마련하였다. 또한 성의 부속 시설로는 치雉 혹은 치성雉城이 있는데, 이는 성곽에 일정한 간격을 두고 성벽을 돌출시켜 성벽에 바싹 다가붙은 적을 사각으로 공격하기 위한 시설이다(그림 5-6, 5-7). 치는 '꿩'이란 뜻으로 제 몸을 숨기고 밖을 엿보기 잘하는 꿩의 습성 때문에 붙여진 이름이다. 치는 성벽보다 바깥으로 튀어 나온 모양이 네모꼴이면 치성雉城, 반원형이면 곡성曲城이라고도 한다. 기본적으로 치성 위에는 누각 없이 여장만이 설치되어 있지만, 경우에 따라서는 누각을 설치하기도 한다. 또한 성 안에는 지휘소에 해당하는 장대將臺가 있는데, 이는 장수가 올라서서 성 밖의 정황을 조망하면서 작전을 구상하고 병사를 지휘하는 시설이다.

성벽의 윗부분에는 적의 화살로부터 몸을 피하고 사혈[射穴: 활이나 노(弩)를 쏘는 구멍]을 통하여 외부의 적을 쏘는 시설인 여장女墻이 있다. 여장은 여첩女堞 혹은 타첩垜堞이라고도 하며, 평여장平女墻 · 철여장凸

자료: 위키미디어 공용.

반월형의 옹성을 벽돌로 쌓고 좌우에 적대를 설치함

그림 5-5. 수원시 화성(華城)의 팔달문과 옹성

촌락지리학

자료: 위키미디어 공용.

그림 5-6. 치성과 망루

자료: 위키미디어 공용.

그림 5-7. 수원 화성의 치성

女墻·요여장凹女墻 등의 종류가 있다.

성곽에서 가장 중요한 방어 시설은 성벽이고 그 다음에는 성황城隍일 것
이다. 성황은 해자垓字, 참호塹濠, 구溝 등의 방어 시설을 지칭한다. 해
자는 성벽 주위에 인공적으로 땅을 파서 고랑을 내거나 자연 하천 등의
장애물을 이용하여 성의 방어력을 증진시키는 방어 시설이다.

일제강점기의 취락

토지 사유 제도의 도입으로 토지의 매매賣買, 양도讓渡, 저당抵當
등이 가능해짐으로써 농민들이 토지로부터 떨어져 나가게 되었다.
1885년 지방 행정 관제와 지방 행정구역이 개정되었고, 1913년에
는 12부府, 218군郡, 2,517면面의 부·군·면 행정구역이 공포되었
다. 이로써 지방 행정 체제의 구조에 커다란 변화를 가져왔다. 이에
따라 새로운 지방 관청이 출현하고 그 소재지는 급격하게 발전하였
다. 반면에 관청이 다른 곳으로 이전된 곳은 갑자기 쇠퇴하였다.

1899년 경인선京仁線의 개통을 시작으로 철도가 부설되었고,
1906년 이후로는 전국적으로 도로가 건설되었다. 이와 같은 교통수

단의 혁신으로 우리나라 취락 체제는 크게 바뀌었다. 근대 교통의 요지에 위치한 촌락이 발달하여 신취락이나 도시로 성장하였고, 근대 교통로에서 이탈된 취락은 쇠락하였다.

1970년대의 새마을 운동

새마을 운동은 1970년 4월22일 고故 박정희 대통령의 '새마을 가꾸기 운동' 지시(指示: 지방장관회의 지시)에서 최초로 제창되었고, 그해 전국 행정리동行政里洞에서 일제히 시작하였다. 새마을 운동은 생산 기반 부문의 새마을 가꾸기 사업과 도로 개설, 그리고 복지 환경 부문의 주택 개량, 취락 구조 개선, 안길 정비 및 포장, 마을 문화 복지 시설 건립 등을 통해 전통적 촌락의 공간 구조(또는 경관)를 크게 변화시켰다. 1971~1974년에는 생산 기반 조성 부문, 1975~1976년에는 소득 증대 부문, 1977부터는 소득 증대 부문과 복지 환경 부문에 투자의 중점을 두었다. 1977년부터는 복지 환경에 대한 투자가 높아졌는데, 이를 농촌 주택 개량 사업 혹은 포괄적으로 취락 구조 개선 사업으로 불렀다. 취락 구조 개선 사업의 구체적 내용으로는 ①주택에서 생산 공간을 분리해 내고 공동 생산 공간을 창출하는 것, ②표준 개량 농촌 주택 보급, ③마을회관, 운동장 등 후생 복지 시설 건설, ④도로 확충 · 포장과 상하수도 사업, ⑤공용 시설의 효율을 높이고 경지 확대를 위한 주택의 재배치 및 집주화集住化 등 취락 구조 변화 사업 등이 추진되었다.

최근 수십 년 동안의 취락 변화

일일 생활권과 상권의 확대

교통의 발달로 통행 거리가 확대되면서 촌락과 인근 도시와의 관계가 긴밀해졌고, 그로 인해 생활권이 확대되었다. 촌락에서 인근 도시의 직장으로 통근하는 것이 어렵지 않게 되었다. 교통이 발달하면서 정기 시장이 쇠퇴하고 상설 시장이 발달하는 등 유통 체계도 변화하였다. 지금도 정기 시장이 열리는 곳은 많이 있으나 그 기능과 역할은 대폭적으로 축소되었다. 생활필수품의 구입과 농산물의 판매도 협동조합이나 직판 시설을 이용하는 등 과거와는 다른 유통 체계로 바뀌었다.

: : 참고   정기 시장의 형성에 대한 기존 이론

정기 시장은 상설 시장과 구분되어, 주기적으로 열리는 시장을 말한다. 정기 시장은 세계의 많은 나라에 분포하는데, 특히 소농 사회나 개발도상국에서 보편적으로 나타나며 경제적으로 중요한 기능을 담당하고 있다. 정기 시장은 인구가 증가하고 소득이 증대하며 교통이·발달함에 따라 점차 상설 시장으로 대체되어 나간다. 우리나라의 경우, 5일 주기의 정기 시장이 전국적으로 널리 분포하였는데, 이 정기 시장이 근대화 과정에서 점차 쇠퇴하고 있다. 현재 정기 시장은 일부 농촌 지역에만 남아 있을 뿐이다.

최근 도시 내부의 아파트 단지를 중심으로 요일장(요일 시장)이 발달하여 관심을 끌고 있다. 특정한 요일에 주기적으로 아파트 단지 혹은 주거 밀집 지역에 정기 시장이 열리는 것을 많이 볼 수 있다. 기존 연구들에 따르면, 정기 시장의 형성 또는 성립을 다음과 같이 세 가지 방식으로 설명한다(이재하·박소영, 1996; 이재하, 1991a).

첫째, 정기 시장의 형성을 중심지 이론의 시각으로 설명하는 방식이 있다(Stine, 1962: 68~88). 최대도달범위(range of goods and services)가 최소요구치(threshold)와 같거나 그 이상이 되면, 상인은 이동할 필요가 없이 고정된 장소에서 상설 점포를 경영할 수 있다. 그러나 최대도달범위가 최소요구치보다 작으면, 상인은 그 지점에 상설 점포를 경영할 수 없는데, 바로 이러한 경우에 상인들은 필요한 수요를 확보하기 위해 일정한 지점들을 순회하면서 점포를 개설할 수밖에 없다(그림 5-8). 상인들이 집단으로 순회하면서 점포를 개설함으로써 정기 시장이 형성된다. 상인은 여러 시장을 순회함으로써 이익을 더 많이 확보할 수 있고, 정기 시장에서 상품을 구매하는 소비자는 구매에 필요한 이동 거리를 줄일 수 있다.

둘째, 정기 시장의 형성을 경제적 입지론에 의해 설명하는 방식이 있다(Hay, 1971: 393~401). 상인이 영업을 하는 데 소요되는 고정적인 지출 비용과 수요의 관계에 기초해서 비용이 더 많은 경우에는 고정된 장소에서 영업을 할 수 없으므로 정기적 마케팅(marketing) 또는 정기 시장이 나타

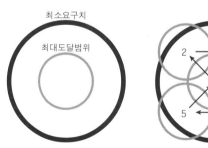

그림 5-8. 최소요구치와 최대도달범위로 정기 시장을 설명하는 모식도

나게 된다는 것이다. 이 경우에 정기적 마케팅은 노동 시간 배분에 따라 시간제(part-time) 마케팅과 전업으로 영업하는 이동(mobile) 마케팅으로 나누어진다. 정기 시장에 상품을 출시하는 사람 중에는 인근에서 직접 생산한 농산물을 출시하는 사람들이 많다. 이렇게 직접 생산한 농산물을 출시하는 사람들에게 정기 시장은 농산물 생산을 위한 시간을 확보해 줄 뿐만 아니라 마케팅에 소요되는 고정적인 지출 비용을 최소화시켜 준다. 셋째, 정기 시장의 성립을 사회문화적 관점에서 설명하는 방식도 있다. (Bromley et al, 1975: 530~537). 시장이 발달하기 이전에 판매자나 구매자 모두가 생산자였으므로 그들 간의 거래는 단지 부업에 지나지 않았다. 교역의 중요성이 확대되었지만, 마케팅에 할애할 수 있는 시간은 제약되어 있었다. 그래서 자연적인 반응으로 시장이 정기적으로 열리게 되었는데, 시장 개시 주기는 그 사회의 활동 주기에 관련된 순회성을 반영한다. 정기 시장의 시장 주기를 살펴보면 남아메리카 지역, 동아프리카 지역, 남부 아시아 지역, 동남아시아의 일부 지역 등에서 7일 주기가 우세하게 나타나는데, 이 지역들은 유럽인의 식민지를 경험하여 7일을 일주일로 설정하는 양력을 일찍부터 사용하였다는 공통점을 갖고 있다. 결국, 정기 시장은 그 사회가 갖고 있는 고유한 시간 제도 또는 관습을 반영하여 정기적으로 개설된다.

촌락의 생활양식 변화

도시와 농어촌 간의 교류 증대로 농어촌의 폐쇄성이 점차 없어지고, 도시 문화와 촌락 문화의 차이가 점차 미미해졌다. 직장은 도시에 있지만, 촌락에 거주하는 인구가 늘어났다. 촌락 생활을 하면 양질의 의료 서비스와 교육 서비스 등을 이용하기에 불편한 점이 많이 있음에도 불구하고, 쾌적한 환경이나 저렴한 부동산이 촌락 생활의 매력으로 작용한다. 또한 상업적 농업(commercial agriculture)의 발달, 상업적 농업의 하나인 원교 농업의 발달, 원교 농업 중에 하나인 고랭지 농업의 발달 등은 농촌의 변화를 가져왔다.

3. 우리나라 동족촌의 성립과 특성

동족촌의 발생, 분포, 특성

같은 조상으로부터 파생된 동성동본同姓同本의 혈연 집단을 동족同族 혹은 종족宗族이라고 하며, 이런 사람들이 모여 이룬 촌락을 동족촌同族村이라고 한다. 동족촌은 종족촌宗族村, 집성촌集姓村, 동성촌同姓村, 동족부락同族部落이라고 부르기도 한다. 근래에 상공업의 발달, 농촌 인구의 도시 집중, 인구의 자유로운 이동 증대, 기독교 문화의 전래와 보급 등의 현상으로 인해 농업을 바탕으로 유지되던 동족촌이 점차적으로 해체되고 있다.

1930년에 실시한 센서스는 각 도별 동족촌의 발생 연대를 싣고 있는데, 이 당시에 존재하는 동족촌 1,685개 중에서 38.3%의 동족촌이 1430~1630년의 200년 동안에 성립되었다(표 5-2). 1830년 이후에 발생한 동족촌은 1.4%에 불과하다. 함경북도와 평안북도의 동족촌 수가 가장 적은데, 이는 이 지역이 대부분 조선 시대의 변방 신개척지로 이주민들에 의해 촌락이 형성되었기 때문이다.

표 5-2 동족촌의 발생 연대 구분

연대 \ 도별	1430년 이전	1430~1630	1630~1830	1830년 이후	불명	계
경기	27	85	70	2	51	235
충북	10	43	31	2	48	134
충남	12	35	20	3	61	131
전북	15	26	22	–	29	92
전남	31	101	52	1	53	238
경북	36	110	44	4	52	246
경남	8	53	17	2	55	135
황해	24	53	31	1	34	143
평남	14	49	26	3	20	112
평북	7	25	9	–	7	48
강원	12	25	14	1	27	79
함남	11	29	4	1	18	63
함북		12	11	3	3	29
계	207 (12.3%)	646 (38.3%)	351 (20.8%)	23 (1.4%)	458 (27.2%)	1,685 (100.0%)

자료: 조선총독부(朝鮮總督府), 1934, 조선의 취락(朝鮮の聚落).

동족촌의 성립 요인

일반적으로 동족촌의 성립 요인은 다음과 같이 네 가지 요인으로 설명한다. 첫째, 종교 의식의 측면에서 유교 사상에 바탕을 둔 선묘수호先墓守護와 제사를 중시하는 데 있었다. 둘째, 사회생활의 측면에서 선조의 후광을 업고 세도를 부리는 등 혈족 의식을 강화하는 데 있었다. 셋째, 경제 활동의 측면에서 협동 작업, 공유 재산의 공동 관리 등을 꾀하는 데 있었다. 넷째, 교육의 측면에서 서원 등 교육 시설을 공동으로 이용하는 데 있었다.

16세기 중반부터 냇물에 보洑를 쌓아 논에 물을 대는 관개 기법이 남부 지방에서 발달하기 시작하였다. 보 관개 기법이 널리 보급

되면서 산간 지대의 범람원 혹은 저지대가 널리 개발되었고, 이에 따라 논농사[수전 농업(水田農業)]가 밭농사[한전 농업(旱田農業)]보다 훨씬 중요해지게 되었다. 일반적으로 여성들은 밭농사에 익숙하지만 관개 농업에는 잘 적응하지 못한다. 논농사는 관개를 위한 협동 작업이 필요하고 많은 힘이 들어가기 때문에 점차로 남성들이 논농사를 전적으로 담당하게 되었고 여성들은 남성들의 뒷바라지만 해 주게 되었다. 이러한 농업 양식의 변화는 우리나라에서 모거제母居制 혹은 양거제兩居制가 사라지고 부거제父居制가 정착되는 데 기여하였다. 동족촌의 형성은 바로 부거제에서만 이루어지는 것이다. 그래서 우리나라의 동족촌 형성을 논농사의 확대와 부거제의 정착으로 설명할 수도 있다.

:: 참고   거주율: 혼인 후의 거주 형태

혼인한 부부가 신혼살림을 어디에 차릴 것인가는 관습에 따라 다양하게 나타나는데, 이러한 관습을 거주율(rule of marital residence) 또는 거주 규정이라고 한다. 인류학자들은 거주율을 다음과 같이 크게 네 가지로 구분한다(이전, 2008).

① 부거제: 혼인을 한 다음에 부부가 신랑이 원래부터 생활하던 가족과 더불어 사는 것을 부거제(父居制, patrilocal residence) 혹은 부가거주 제父家居住制라고 한다. 부거제는 남성의 경제적 역할이 중요한 사회, 남성이 자신의 재산을 소유하고 축적시킬 수 있는 사회, 일부다처제가 관습으로 허용되는 사회, 전쟁이 자주 있어서 남성들 간의 협력 관계가 중요한 사회 등에서 나타난다. 부거제 사회에서는 신부 쪽의 가족에서 노동력의 손실을 보기 때문에 신랑 쪽에서 신부의 가족에게

일정한 보상을 하는 관습이 흔하다. 가장 흔한 보상의 방법이 신부값을 지불하는 것인데, 이는 신부의 가족과 친족에게 돈이나 다른 값진 물건을 주는 관습이다. 간혹 신랑이 신부의 가족에게 일정한 기간 동안에 노동력을 직접 제공하는 경우도 있는데, 이러한 서비스를 처가 노력 봉사(신부 서비스)라고 한다.

② 모거제와 외숙거제: 혼인을 한 부부가 신부의 원래 가족과 더불어 사는 것을 모거제(母居制, matrilocal residence) 혹은 모가거주제母家居住制라고 부른다. 모거제는 여성의 경제적 역할이 중요한 자급자족적 농경 사회에서 발견된다. 모거제 사회는 흔히 정치적 조직이 별로 복잡하지 않은 반면 여성들 간의 협력 관계가 중시되는 사회이다. 모거제 사회에서는 신랑이 자신의 혈족으로부터 멀리 가지 않고 자신의 혈족을 종종 도와줄 수 있기 때문에 일반적으로 신랑 쪽에 대한 신부 쪽의 보상이 없다. 모거제는 모계 사회에서 많이 나타난다. 그런데 어떤 모계 사회에서는 아들이 혼인하면 그의 외삼촌댁으로 옮겨 가서 살게 하는 외숙거제(外叔居制, avunculocal residence)의 관습을 갖는다. 외숙거제의 특성은 성인 남성들 모두가 동일한 모계 혈통 집단에 속한다는 것이다. 모계 사회에 있어 외숙거제가 모거제보다 많이 나타나는데, 모계 사회에서도 남성이 주도권을 행사하기 때문일 것으로 보인다.

③ 양거제: 혼인을 한 부부가 신랑 쪽의 친척 또는 신부 쪽의 친척 중에서 양자택일하여 함께 사는 것을 양거제(兩居制, bilocal or ambilocal residence) 혹은 선택거주제選擇居住制라고 한다. 어떤 사회에서는 혼인을 한 부부가 신부의 집에서 살다가 자녀를 낳고 신랑의 집으로 옮기는 관습을 갖고 있는데, 이러한 거주율도 양거제라고 한다.

칼라하리 사막의 부시먼은 한 장소에서 며칠 동안 생활하고 식량 자원이 고갈되면 다른 장소로 이동한다. 부시먼은 양거제의 관습을 갖고 있기 때문에 한 가족은 식량 자원의 여유가 있는 다른 친족 집단의 캠프로 이동하기 쉽다. 이와 같이 양거제는 자원이 한정되어 있고 이용 가능한 자원이 유동적인 사회에 적합한 제도이다.

중국 묘족苗族의 경우 혼인을 한 부부가 신부의 가족과 살다가 아기를 낳은 후에 식을 올리고 신랑이 생활하던 가족과 더불어 산다. 고구려에는 서옥제婿屋制라는 양거제가 있었다. 남녀가 구두로써 혼인을 합의하면 남성이 여성의 집 뒤에 서옥이라는 집을 짓고, 여성의 집 문 밖에서 자기의 이름을 알린 다음 무릎을 꿇고 여성과 같이 잘 것을 세 번 청한다. 그러면 여성의 부모는 이를 듣고 남녀가 함께 잘 것을 허락하고, 이로써 부부가 된 남녀는 그곳에서 자녀를 낳고, 자녀가 성장한 다음에야 신랑의 집으로 옮겨 간다.

④ 신거제: 혼인을 한 부부가 신랑과 신부의 어느 친족의 주거도 아닌 새로운 장소에서 독립적인 살림을 차리는 거주율을 신거제(新居制, neolocal residence)라고 한다. 현대 산업 사회의 핵가족 제도에서는 신거제를 이상적인 거주율로 삼는 경우가 많다. 우리나라에서도 근래에 들어 신거제가 가장 흔하게 나타난다.

동족촌의 유형적 요소

동족촌의 유형적 요소로서 종가宗家, 사당祠堂, 재각齋閣, 정자亭子, 정려旌閭, 서원書院 등을 들 수 있다.

종가

종가는 최고 조상의 직계 손으로 가묘[家廟: 한 집안의 사당(祠堂)]를 지키고 제사를 주재하는 종손의 집이다. 종가는 종조의 유령이 머무는 곳으로 종족宗族으로부터 존숭尊崇을 받는다. 흔히 종가는 다른 가옥들보다 상대적으로 높은 고도 혹은 상대적 중심 공간에 입지하는데, 이는 동족촌 내에서 종가가 갖는 사회적 지위를 공간적으로 각인하기 위한 의도와 관련될 것이다.

사당

종손이 거주하는 종가에, 때로는 지손의 장자 집에, 사당을 세우고 4대조 이하 조상[고조(高祖), 증조(曾祖), 조(祖), 부(父)]의 신위神位를 모시고, 때로는 조상 중 현조顯祖를 모시고, 제사를 지낸다. 사당은 종종 종가의 배후에 위치하고, 다시 그 뒤로는 선조 묘역이 배열되는 경우가 많다.

재각

재각은 일명 재실齋室이라고도 한다. 재각은 학문, 덕행, 충의 등 국가에 공이 많은 종족의 인물, 또는 종족의 현조顯祖를 추모하기 위해 1년에 한 번 이상 자손들이 모여 제사를 지내는 건물이다. 제사를 행하기 위한 준비 장소, 종족 집회소 및 회식의 장소로도 사용된다. 재각은 종족의 사회적 위세를 표시하는 건물이기 때문에 민가에 비하여 규모가 크고 궁궐이나 사찰 건축같이 원주圓柱를 사용한다. 대개 전면은 4~5칸이고 측면은 2칸이다. 재각에는 3~4칸의 넓은 마루가 있고, 일부에 취침 공간을 만들기도 한다. 재각 혹은 재실을 제사를 지내는 장소라는 의미에서 제각祭閣 혹은 제실祭室로 표현하기도 한다.

정자

정자는 일명 정각亭閣이라고도 한다. 동족촌의 위세를 나타내는 시설물로서 동산, 산록, 수변, 계곡 등 경관이 좋은 곳에 위치한다. 모든 동족촌에 정자가 있는 것은 아니고, 대개 반촌의 동족촌에만 있는 것으로 되어 있다.

정려

정려는 선조 중 충신, 효자, 열녀, 효부가 있을 때 기록에 남겨 두고, 또 대외적으로 동족촌의 사회적 지위를 과시하고, 대내적으로 종족의 교화敎化를 목적으로 촌락 입구나 내부에 건립된 비각碑閣이나 효열각孝烈閣과 같은 시설물이다(그림 5-9).

그림 5-9. 동족촌의 정려

앞의 사진은 충남 논산시 연산면 고정리에 위치하는 양천 허씨 정려이다. 1984년 7월 26일 충청남도 유형문화재 제109호로 지정되었다. 조선 시대 정경부인貞敬夫人 허씨의 정려로 넓이 약 6.6m² 이며 화려하고 특이하다. 광산 김씨 종중宗中이 소장하고 있다.

서원

서원은 조선 시대에 선비들이 모여 명현明賢을 제사하고 학문을 강론하며 인재를 키우던 사설 기관이었다. 서원은 공부하는 장소였지만, 당파 분쟁이 심했던 조선 중기 이후 스승의 학문 계보를 주축으로 한 정치적 붕당의 재생산 장소이기도 하였다. 오늘날 서원은 그 지방의 일족 또는 유림에 의하여 관리되고 있다.

4. 성립 과정에 의한 촌락의 유형

자연발생적 촌락

우리나라의 대다수 촌락은 자연발생적 촌락에 속한다. 지형이나 수리水利 등 자연 조건을 고려하여 살기 좋은 장소에 자연발생적 촌락이 형성된다. 자연발생적 촌락은 대체로 불규칙적인 촌락 형태를 나타낸다. 우리나라 동족촌은 자연발생적 촌락이다.

계획적 설정 촌락

계획적 설정 촌락은 어떤 정치체나 조직이 촌락 형성의 주체가 된다. 어떤 시대의 이념에 따라 촌락의 형태가 계획적으로 설정된다. 계획적 설정 촌락은 일반적으로 규칙적인 촌락 형태를 나타낸다. 우리나라 서해안의 간척지에는 취락이 계획적으로 형성된 경우가 많다. 충주댐, 남강댐 등의 대규모 댐을 건설할 때 넓은 지역이 수몰되었는데, 이러한 경우에 형성된 수몰민의 이주 정착지는 계획적 설정 촌락에 속한다. 오늘날 우리의 주변에서는 도로 확장 공사 등으로 인하여 다수의 주택이 집단으로 이주하여 형성된 계획적 설정 촌락을 흔히 볼 수 있다.

제6장

촌락 입지론: 촌락의 입지

1. 자연환경과 촌락 입지

촌락은 도시보다 자연환경의 제약을 많이 받는다. 기후, 지형, 식생, 토양, 하천, 호소 등은 그 안에서 인간이 살아가는 한계를 정하는 데 있어서 중요할 뿐만 아니라 촌락 입지의 주요한 요인으로 작용한다.

물과 촌락 입지

인간이 살아가는 데 불가결한 물을 얻기 쉬운 곳이 촌락 입지의 기본적 조건이 된다. 사막에서는 오아시스나 인공천人工泉을 따라서 취락이 형성된다. 사막과 같은 건조 지역에서는 오아시스를 중심으로 촌락이 발달하였고 농경과 목축이 행해져 왔다.

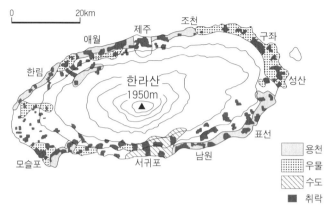

그림 6-1. 제주도의 취락 입지

제주도는 공극이 많고 절리가 발달한 현무암이나 조면암이 분포하는 화산암 지역이기 때문에 지표수가 부족하다. 제주도 하천의 상류부에는 유수流水가 나타나지만 고도 500m 부근에서 지하로 스며들어 복류伏流하는데, 이러한 복류는 해안에 이르러 솟아나 용천대湧泉帶를 이룬다. 제주도에서는 이 용천대를 따라 취락이 집중적으로 입지한다(그림 6-1). 그러나 최근에는 간이 수도가 개발되어 보급됨으로써 촌락 입지는 좀 더 가변적인 것이 되어 가고 있다.

평야와 산지의 경사급변점인 곡구를 중심으로 발달한 선상지扇狀地에는 용수 조건이 좋고 토지가 비교적 비옥한 선단扇端을 중심으로 촌락이 입지한다. 선상지에서는 배수가 잘되는 지질 조건에 의해 하천수가 복류하다가 선상지 말단부인 선단에서 지표로 용출하여 용천대가 형성된다. 따라서 용수를 구하기 쉬운 선단의 용천대에 가옥이 대상帶狀으로 밀집되어 촌락이 형성된다.

우리나라 지명 중에서 정井, 천泉, 호湖, 지池, 담潭, 택澤, 소沼, 강江, 하河, 수水, 천川, 계溪, 원源, 포浦, 진津, 선창船倉, 사沙, 세洗

등이 붙은 지명은 물과 관련되는 지명이다.

:: 참고   물과 관계되는 진주시 지명 조사

① 우물이나 샘(井 · 泉)

관정 · 동정 · 서정(문산읍), 새미골(사봉면), 대천리 · 문정동(수곡면), 월정 · 천곡리(진성면), 냉정리(집현면).

② 저수지 · 못 · 호수 · 늪(池 · 潭 · 湖 · 澤 · 沼)

인당리 · 담미(금곡면), 현지 · 못안(금산면), 아호동(내동면), 지내 · 지곡(대곡면), 지하 · 지내 · 풍호동(대평면), 지내(명석면), 지월(미천면), 못골(사봉면), 못가(수곡면), 지화동(이반성면), 목과(못가; 정촌면), 청담리 · 모늪(지수면), 택동 · 지곡 · 지거리(진성면), 신당리 · 장흥리 · 철수동 · 지내리(집현면), 지내동(상봉서동), 지내골(초전동).

③ 물가 · 강 · 하천 · 시내(江 · 河 · 水 · 川 · 溪 · 源)

가수동 · 두문리(드물) · 덕계(금곡면), 개내 · 수정곡(금산면), 상계리(내동면), 내촌리(대평면), 부수골 · 침수동(미천면), 계룡(이반성면), 논내실(일반성면), 임내 · 청원리 · 안계(지수면), 온수리 · 도천(진성면), 강남동 · 천진(강남동), 섭천동(망경남동).

④ 하천 교통 · 나루 · 선창(浦 · 津 · 船倉)

선창미(금곡면), 마진리 · 대포(대곡면), 뺀덕(뱃가; 지수면), 진동(진성면), 강진동(집현면).

⑤ 기타 유형(沙 · 洗)

세경(금곡면), 사동 · 속사리(금산면), 사곡(진성면), 사평(대평면), 사동(사봉면).

지형과 촌락 입지

촌락이 구체적으로 점재하여 인간 생활이 이루어지는 장소가 바로 지형면이라는 사실을 감안할 때, 지형은 어떤 촌락 입지 조건보다 중요한 것이다. 촌락이 입지하는 지형은 산지, 하곡, 하안단구, 대지, 선상지, 충적평야(범람원 등) 등이 있는데, 이러한 지형의 촌락 입지에 대해서는 다음 절에서 자세히 다루고자 한다.

기후와 촌락 입지

촌락 발달에 영향을 주는 기후적 요소로서 중요한 것은 기온, 강수량, 습도, 일광 등이다. 가옥 재료와 촌락 형태는 기후적 특징을 반영한다. 일조량이 많은 곳은 촌락 입지에 유리한 곳이다. 양지 사면이 음지 사면보다 촌락 입지에 유리하다. 양지 사면은 작물의 성장 기간 중에 다량의 열을 받고, 이른 봄에 눈이 일찍 녹으며, 토양의 온도가 장시간 높고, 배수도 양호한 편이다. 습도가 높은 습지는 촌락 입지에 불리하다.

토양과 촌락 입지

농업 지역의 촌락은 비옥한 토양에 접근하기 쉬운 범위 내에 위치하고 있다. 농가는 상대적으로 토양이 비옥한 곳에 입지함으로써 생산성이 높은 토양을 경작에 이용할 수 있게 한다.

2. 촌락의 절대적 위치

절대적 위치(site)는 물, 일사량, 국지적인 지형 등을 말하고, 상대적 위치(situation)는 교통의 편의성이나 다른 결절 지역과의 관련성 등을 말한다.

산지의 촌락 입지

산정(산꼭대기)

우리나라에서는 산정山頂에 촌락이 잘 입지하지 않는 편이지만, 종교 촌락, 관광 촌락, 군사 촌락이 산정에 들어서는 경우가 있다. 우리나라의 산정 촌락은 지형상의 고위평탄면에 위치하는 것이 많다. 고위평탄면의 지형적 이점을 이용하여 예로부터 산성을 구축하였는데, 대표적인 산정 촌락은 남한산성의 산성리이다.

:: 참고 고위평탄면

고위평탄면은 해발고도가 높은 곳에서 평탄한 면이 넓게 펼쳐져 있는 지형이다. 한반도는 중생대 백악기 이래로 계속 평탄화되었다가 신생대 제3기 마이오세 중엽 이후 동쪽이 높고 서쪽이 낮은 현재와 같은 지형이 되었다(p.80 표 6-1 참조). 백악기 이래의 평탄면은 태백산맥 주변에 많이 남아 있다. 특히 오대산(1,568m)에서 태백산(1,549m)에 걸친 지역에는 해발고도 900m가 넘는 곳에 고위평탄면이 넓게 나타난다. 오대산과 태백산은 고위평탄면에 우뚝 솟은 구릉이다. 고위평탄면에서는 무, 배추, 감자 등을 재배하는 고랭지 농업이 발달하였다. 고위평탄면의 기후는 다른 지역의 기후와 달라서 농산물의 출하 시기가 다른 지역과 다르다는 이점이 있다.

남한산성은 경기도 광주시, 성남시, 하남시의 접경 지역에 위치한다. 남한산성은 1963년 1월 21일 사적 제57호로 지정되었고, 도립공원으로 관광지화되어 있다. 산성리는 행정구역상으로 경기도 광주시 중부면 산성리이다. 남한산성은 북한산성과 더불어 서울을 남북으로 지키는 산성 중의 하나로, 신라 문무왕文武王 때 쌓은 주장성晝長城의 옛터를 활용하여 1624년(인조 2년)에 축성하였다.

수어사守禦使 이시백李時白은 축성 뒤에 처음으로 유사시에 대비할 기동 훈련의 실시를 건의하여, 1636년(인조 14년)에 1만 2,700명을 동원하여 훈련을 실시하였다. 그러나 그해 12월에 막상 병자호란이 일어나자 여러 가지 여건으로 제대로 싸워보지도 못하고 성문을 열어 화의和議를 맺고 말았다. 결국 막대한 비용과 노력을 들여서 쌓은 성이었으나 제구실을 하지 못한 뼈아픈 역사役事였다.

산복(산허리) 혹은 산사면(산비탈)

취락은 경사가 급한 산복山腹에는 입지하지 못하지만, 비교적 경사가 완만한 산사면에 입지하는 경우는 있다. 산복에 발달한 하안단구면은 좋은 촌락 입지가 될 수 있다.

영

영(嶺, 재: 높은 산의 고개) 취락은 교통 관계로 산지에 발생한 취락이다. 산을 넘어가는 고개나 그 아래에 취락이 발생한다.

산록완사면의 촌락 입지

장기간에 걸쳐 침식이 진행된 우리나라 지형에서는 배후에 험준한 산지를 끼고 산록을 따라 경사가 완만한 산록완사면이 곳곳에 분포하고 있다. 산록완사면은 산지와 평지가 접촉하는 곳에 위치한다. 산록완사면은 몇 개의 경사변환점을 갖고 있어서 지하수대地下水帶가 높거나 지하수가 용출湧出하여 취수에 편리하다. 남향의 산록완사면은 일조량이 많고 겨울에 북서계절풍을 막아 주므로 따뜻하다. 산록완사면은 생활 무대인 평탄지에 인접하고, 하천 범람 등의 자연재해로부터 안전하며, 저습지와는 다른 건조한 지반 조건을 갖고 있다. 이러한 특성으로 인하여 산록완사면은 취락의 입지에 매우 유리한 지형이다. 이러한 지형적 이점을 갖고 있을 뿐만 아니라 외적의 침입에 대한 방어와 조망에 유리하고, 연료를 채집하는 데 편리하기 때문에 산록완사면에서는 일찍부터 촌락이 발달하였다.

하곡의 촌락 입지

하곡(河谷, river valley)은 하천을 따라 발달한 골짜기를 말한다. 미국 남부 미시시피 강을 따라 발달한 하곡(the Mississippi River valley)은 멕시코 만으로부터 루이지애나 주, 미시시피 주, 아칸소 주, 미주리 주에 걸쳐 길게 발달하였는데, 그 총면적은 남한 전체 면적보다도 넓다. 우리나라 하곡의 규모는 비교적 작은 편이다. 'V'자형 곡저谷底에는 촌락이 발생하기 힘들지만, 조금이라도 곡저평야가 있으면 촌락이 발생할 수 있다. 곡저평야는 일반적으로 물이 풍부하고, 토지가 비옥하며, 교통로가 발달하여 촌락이 발달하기 쉽다. 하천이 범람하기 쉬운 경우, 촌락은 곡벽谷壁 가까이 형성된다. 빙식곡(氷蝕谷, glacial valley)의 곡저에는 일반적으로 완사면이 있는데, 촌락은 이러한 완사면에 입지한다.

하곡의 양안兩岸에 발달하는 하안단구면은 수해를 피할 수 있는 곳으로 일찍부터 촌락이 발달하였다. 우리나라 동해안에는 하안단구에 위치하는 촌락이 많다. 하천 퇴적물로 덮여 있는 하안단구는 단구면과 단구애로 구성되는데, 단구면은 일반적으로 완경사를 이루며 단구애는 급경사를 이룬다. 따라서 하안단구는 급경사의 단구애와 완경사의 단구면이 교차하여 하천 양안에 계단 모양으로 나타나는 지형이다(그림 6-2). 우리나라의 주요 하천 중상류에는 여러 단의 하안단구가 곳곳에 발달되어 있다. 대체로 지반의 융기량이 큰 지역일수록 하상과 하안단구면의 고도차가 증가한다. 하안단구는 하천의 양안에 대칭적으로 나타나는 경우와 비대칭적으로 나타나는 경우가 있다. 흔히 하안단구의 단구면은 취락, 교통로, 논밭 등 인간 생활의 주요 장소로 사용된다.

남한강 상류에는 소규모의 하안단구들이 많이 나타나는데, 이러한 하안단구의 단구면들은 주로 촌락, 농경지, 도로 등으로 이용되고 있다. 충북 단양군 영춘면의 용진리, 상리, 하리, 가곡면의 향산

그림 6-2 하안단구와 범람원

리, 가대리, 사평리, 매포읍의 도담리, 도전리 등은 그러한 하안단
구에 입지하는 촌락들이다. 경남 서부 지역의 경호강을 따라서도
소규모의 하안단구들이 많이 발견되는데, 이러한 하안단구의 단구
면들도 주로 촌락, 농경지, 도로 등으로 이용되고 있다.

:: 참고 빙식곡의 형성 과정, 형태, 분포

빙식곡은 빙하(氷河, glacier)가 흘러내리며 침식작용을 일으켜 형성된
골짜기로서 U자 모양을 이룬다. 빙식곡은 빙하곡 혹은 U자곡이라고도
부른다. 빙식곡의 양쪽 벽은 깎아지른 듯 솟아 있고, 바닥은 평탄하다.
빙식곡은 빙하의 침식작용으로 계곡이 깎이고 난 후 빙하가 후퇴하거나
다 녹고 남아 형성된다. 빙식곡은 일반적으로 하천에 의해 생기는 V자
모양의 계곡과는 달리 U자 모양으로 바닥이 평평하고 벽이 가파른 특징
을 보인다. 빙식곡은 캐나다와 미국의 로키 산맥과 유럽의 알프스 산맥,
아시아의 히말라야 산맥 등 이전에 빙하가 확장했었던 중위도 지역의 많
은 산지 지형에서 볼 수 있다.

:: 참고 하안단구의 형성 과정, 형태, 이용

하천이 평형 상태를 이루면 하방침식이 완화되는 반면 측방침식이 활발
해져 점차 곡류하는 경향을 보인다. 하천이 곡류하면 곡저가 확대되어
넓은 범람원을 형성하게 된다. 그러다가 침식 기준면이 낮아지면, 하천
의 하방침식력이 부활한다. 범람원을 형성한 하천이 회춘하여 하방침식
을 하게 되면 범람원의 퇴적층은 물론 기반암까지 침식을 하게 된다. 그
리하여 하천 양안에는 과거의 범람원이 계단 모양으로 남게 되는데 이것
을 하안단구라 한다. 평형 하천이 회춘을 하게 되는 것은 기후변동으로

인한 해수면의 하강 또는 지반의 융기 운동에 의한 경우가 많다. 특히 신생대 제4기(표 6-1)에는 빙하의 성장 또는 쇠퇴와 관련하여 수차례의 범세계적인 해수면 승강 운동이 일어났다. 빙하의 확장과 더불어 해수면이 하강하면서 하천은 활발한 하방침식을 통해 새로운 해수면과 조화를 이루게 되었는데, 이때 하천 양안의 범람원이 하안단구로 변모하게 되었다. 또한 지반 운동이 격심하지 않고 서서히 계속적으로 융기하는 지역에서는 지반의 융기에 따른 하천의 침식력 부활에 의해 하안단구가 형성된다. 이러한 하안단구는 충적층이 거의 유실되어 기반암의 침식면으로 이루어지거나 충적층이 덮고 있다 하더라도 그 두께가 극히 얇은 경우가 많다.

표 6-1. 지질 시대 구분

이언(Eon)	대(Era)	기(Period)-세(Epoch)				시기(년 전)
현생이언	신생대 (Cenozoic Era)	제4기 (Quaternary)	홀로세(현세) (Holocene epoch; 후빙기)	충적세 (Alluvial epoch)		현재 ~1만 2000
			플라이스토세 (Pleistocene epoch; 빙하기)	홍적세 (Diluvial epoch)	후기	1만 2000 ~250만
					중기	
					전기	
		제3기(Tertiary)				250만~6500만
	중생대 (Mesozoic Era)	백악기(Cretaceous period)				6500만 ~2억 4500만
		쥐라기(Jurassic period)				
		트라이아스기(Triassic period)				
	고생대 (Paleozoic Era)	페름기(Permian)				2억 4500만 ~5억 1400만
		석탄기(Carboniferous)				
		데본기(Devonian)				
		실루리아기(Silurian)				
		오르도비스기(Ordovician)				
		캄브리아기(Cambrian)				
은생이언 (Precambrian)	원생대(Proteozoic Era)					5억 4000만~25억
	시생대(Archaeozoic Era)					25억~지구 생성

용암대지의 촌락 입지

용암대지(鎔巖臺地, plateau of lava)는 유동성이 큰 용암이 대량으로 넓게 유출하여 기존의 기복을 메워 형성한 광대한 평탄지이다. 열극(裂隙: 지각의 갈라진 틈) 또는 많은 화구(火口, crater)로부터 다량의 현무암질 용암류가 분출하여 광대한 면적을 거의 수평으로 쌓여 만들어진다. 다시 말해, 용암대지는 용암이 오랜 시간에 걸쳐 거듭하여 흘러내린 것이 퇴적하여 이루어진다. 인도의 데칸 고원이나 아르헨티나의 파타고니아 대지 등이 세계적으로 유명한 용암대지에 속한다. 우리나라에서는 백두산 일대에 분포하는 백두 용암대지, 중부 지방의 철원·평강 용암대지와 신계·곡산 용암대지가 잘 알려져 있다(그림 6-3).

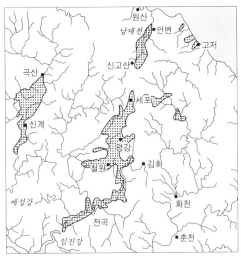

자료: Lautensach, 1945.

그림 6-3. 중부 지방의 용암대지

한반도 중부 지방에는 추가령 구조곡(추가령 열곡)을 비롯하여 북북동-남남서 주향의 단층선이 발달하였는데, 이 단층선을 따라 플라이스토세 후기(표 6-1) 동안 용암류가 열하 분출(裂罅噴出)의 형태로 분출하여 기존의 하곡을 따라 흘러내리면서 철원·평강 일대와 신계·곡산 일대에 용암대지를 만들었다. 용암대지가 형성된 이후, 지표면의 유수에 의해 만들어지는 새로운 하곡은 좁고 깊은 협곡을 만들었다. 철원·평강 용암대지는 한탄강과 임진강을 중심으로 길이 약 95km, 면적 약 125km²에 달한다. 철원·평강 용암대지의 해발고도는 평강에서 약 330m, 철원의 민통선 안에서 약 220m, 전곡에서 약 60m로 나타나 하류로 갈수록 점점 낮아진다(한국자연지리연구회, 2009; 권혁재, 2010: 425~426).

용암대지의 현무암 풍화토는 비옥하기 때문에 밭농사에 유리한 토양이지만, 용암대지는 일반적으로 물이 부족하여 촌락 입지에 불리하다. 용암대지에는 지상을 흐르는 하천이 전혀 없거나, 있다고 할지라도 물이 풍부하지 않은 경우가 많기 때문에 용암대지에서는 깊은 우물을 파거나 용수로를 만들어야 촌락이 입지할 수 있다. 관개용 댐이나 용수로를 건설하는 기술이 발달하고 우물을 파는 기술이 발달하면서 점차로 용암대지가 개척되고 촌락이 들어서게 되었다.

선상지의 촌락 입지

유속이 빠른 협곡의 하천이 협곡 입구에서 유속이 급속히 떨어지면서 사력(砂礫: 모래와 자갈)이나 암설巖屑을 퇴적시켜 완만한 경사지를 이룬다. 다시 말해, 산지에서 유출되는 하천이 평지로 흘러들어 올 때, 하상河床의 경사가 급격히 감소하면서 상류에서 운반되어 오던 사력이나 암설 등이 퇴적되어 완만한 경사지를 이룬다. 이러한 경사지는 부채꼴 모양을 하고 있기 때문에 선상지(扇狀地, fan 혹은 alluvial fan)라고 부른다(그림 6-4). 북한의 지리 교과서에서는 선상지를 '부채꼴 땅'이라고 부른다.

선상지 지형은 두꺼운 사력이나 암설 등의 물질로 구성되어 있다. 구성 물질의 입도粒度는 경사를 따라 내려가면서 미세해진다. 선상지의 하류는 지표에서는 하도河道의 이동에 따라 많은 분류를 만들고, 사력에 스며들어서 복류伏流가 되며, 선단에서는 샘이 되어 용출湧出한다. 선상지는 선정扇頂, 선앙扇央, 선단扇端, 선측扇側의 지형으로 구분된다. 다수의 선상지가 합쳐서 이룬 지형은 바하다(bajada) 혹은 복합 선상지(compound alluvial fan)라고 부른다.

선상지는 주로 건조 지역에서 발달한다. 건조 지역에서도 주기적으로 폭우가 내리는 경우가 있는데, 이 경우에 선상지에 많은 망상

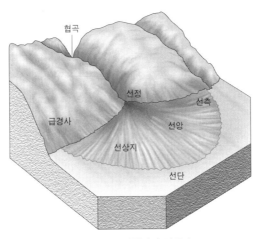

그림 6-4. 전형적인 선상지

하천(網狀河川, braided streams)이 흐르면서 사력이나 암설 등이 퇴적된다. 이러한 건조 지역의 선상지는 농지, 도로망, 주거지 등으로 활용하기 어렵다. 건조 지역의 선상지 선단에는 심근성 식물(深根性植物, phreatophyte: 뿌리가 깊이 뻗는 식물)이 무성하게 자라 관목의 숲을 이루는 경우가 있다.

선상지는 습윤 지역에서도 발달한다. 지구 상에서 가장 규모가 큰 선상지는 네팔의 히말라야 산맥 기슭으로부터 인도의 갠지스 강 유역까지 발달한 코시 선상지(the Kosi Fan)인데, 그 면적이 경기도 면적의 1.5배(1.5만 km²)나 된다. 세 개의 지질 구조판(태평양판, 필리핀판, 유라시아 판)이 충돌하여 높은 산들이 많은 일본의 경우, 산지와 평지가 만나는 경사급변점에 선상지가 널리 발달하였다. 일본의 선상지는 농지, 도로망, 주거지 등으로 활용되어 주요한 삶의 무대가 되어 왔다.

우리나라에서도 경북 경주시 건천읍이나 경남 사천시 와룡산 기슭 등 각지에서 작은 규모의 선상지들을 찾아볼 수 있다. 이러한 선상지는 일본의 경우와 마찬가지로 농지, 도로망, 주거지 등으로 활용되고 있다. 선정과 선단에는 물이 풍부하여 취락이 형성되는 경우가 많다. 선정에서는 물을 얻기 좋은 조건 이외에 산지와 평지의 물자를 교역하는 장소이기도 하여 곡구 촌락이 발달한다. 선단에서는 지하수가 용출하는데, 이 선을 둘러싸고 집촌集村이 발생하고 논 농사가 이루어진다. 선단의 촌락은 등고선을 따라 호상弧狀으로 발달한다. 선측에는 보통 유수流水가 있는데, 선단과 같이 샘이 얕다. 따라서 논이 대상帶狀으로 발달하고 작은 집촌이 대상으로 배열하는 경우가 많다. 선앙에서는 보통 건천乾川 즉, 무수 하천無水河川이 흐르고 지하수가 깊어 물이 부족하다. 원래 선앙은 자갈이 많은 황지荒地였으나, 오늘날에는 주로 농경지로 이용되고 있다. 특히 상전桑田과 과수원이 조성된 경우가 많은데, 이는 상전과 과수원이 배수가 양호한 토질에 알맞기 때문이다. 근래에는 저수지 축조와 용수로 건설에 따라 관개용수 공급이 가능해지면서 선앙에서도 논농사가 이루어지는 경우가 많다.

범람원의 촌락 입지

범람원(汎濫原, floodplain)은 주기적으로 하천의 물이 불어 범람하는 하천 양안의 충적 지형이다(그림 6-5, 6-6). 범람원의 충적층은 하천에 의해 퇴적물이 쌓여서 생긴 굳지 않은 퇴적층으로, 주로 모래, 점토, 자갈 등으로 구성되며 유기 물질을 포함하기도 한다. 하천의 상류 혹은 중류 범람원에서는 자연제방(自然堤防, natural levee)이나 배후습지(背後濕地, back swamp) 등이 뚜렷하게 구분되지 않지만, 큰 하천의 하류 범람원에서는 자연제방, 배후습지, 우각호牛角湖, 하중도河中島 등이 비교적 뚜렷하게 구분되어 나타난다. 우리나라의 주요 하천 하류에 나타나는 범람원의 폭은 수 km 이내에 불과하

그림 6-5. 하천의 범람원

그림 6-6. 큰 하천 하류의 범람원

지만, 미국의 미시시피 강 하류에 나타나는 범람원의 폭은 수십 km 가 넘는다. 미시시피 강 하류 범람원의 자연제방에서는 사탕수수, 면화, 콩, 벼 등을 재배하는 농업이 발달하였다.

인구 밀도가 높은 우리나라에서는 일찍부터 범람원을 농지로 개간하여 왔기 때문에 오늘날 자연 상태의 범람원은 거의 보기 힘들다. 범람원은 토지가 비옥하고 논농사에 유리하지만, 하천이 범람하는 경우에 침수되는 결점이 있다. 집중호우 시, 범람원은 하천 본류의 홍수뿐만 아니라 유역 분지 내수의 홍수로 인해 침수되기 쉽다. 그래서 범람원을 농지로 개발하기 위해서는 하천 범람에 따르는 수해 대책이 필요하다. 범람원은 '어떻게 관개할 것인가'의 문제보다는 '어떻게 배수할 것인가'의 문제가 보다 중요한 지역이다. 우리나라의 낙동강과 같은 큰 하천 하류의 범람원은 대체적으로 20세기에 들어서 인공제방을 쌓고 배수로 체계를 구축하고 기계 배수시설을 가동하여 배수함으로써 논농사 지역으로 바뀌었다.

범람원의 취락은 하천의 자연제방이나 인공제방, 혹은 하중도에 입지하는 경우가 많다. 범람원에서는 돈대墩臺라고 일컫는 피수대避水臺가 공동 시설로서 만들어지는 경우가 있다. 지역 전체가 위험 수위에 달하였을 때, 주민이 다 같이 대피하는 피수대를 돈대라고 한다. 돈대는 수해가 빈발하는 범람원 취락의 특성에 속한다. 서울 뚝섬에 있었던 돈대는 높이 2m, 길이 56m, 폭 17m에 달하였다. 인공제방으로 둘러싸인 취락을 윤중輪中 취락이라고 한다. 윤중 취락은 하중도 외곽의 퇴적 구릉을 따라 인공 윤중제輪中堤를 축조함으로써 거주지를 변모시킨 서울 한강의 여의도에서 전형적인 사례를 찾아볼 수 있다. 윤중 취락은 홍수 때의 수위보다 낮아도 안전지대를 형성한다. 범람원의 취락에서는 1~2m 내외의 성토盛土에 의해 대지면을 높이는 경우가 있다. 성토는 인공제방 등의 시설로는 완전무결한 방수가 이루어지지 않을 경우에 강구하는 개별 시설이라고 할 수 있다.

:: 참고 　낙동강 하류의 습지

1910년대에 제작된 1:50,000 지형도를 살펴보면, 낙동강 하류와 그 지류인 남강의 하류에 수많은 늪지와 호소들을 발견할 수 있다. 이는 낙동강이 남한의 주요 하천 중, 빙하기(glacial age: 빙하가 확장하던 시기, 해수면이 낮은 시기) 때 하상을 가장 깊게 팠던 하천이기 때문이다. 한강이나 금강 등은 경사가 극히 완만한 황해로 흘렀지만, 낙동강은 해저 경사가 급한 대한 해협으로 흘렀기 때문에 다른 주요 하천보다 하상을 깊게 팠다. 해수면이 상승하면서 낙동강 유역에서는 범람원이 비교적 더 넓게 발달하였고, 또한 수많은 습지가 형성되었다.

:: 참고 　범람원 습지 개발

우리나라에서는 20세기 들어서 낙동강, 금강, 영산강, 한강 등의 하천을 따라 넓게 발달한 범람원이 대규모로 개간되기 시작하였다. 대규모의 범람원 개간이 가능하게 된 것은 배수 기술과 토목 기술의 발달 덕분이었다. 그런데 범람원이 농업 용지로 개간되는 과정에서 하천 연안에 발달한 습지가 점차로 사라져 갔다. 근래 필자가 낙동강의 지류인 남강 유역을 조사한 바에 따르면, 남강 유역의 범람원에 남아 있는 수십여 개의 늪지 중에 다수의 늪지가 농업 용지, 공업 용지, 양어장, 쓰레기 매립장 등의 용지 확보를 위해 매립되고 있었다.

:: 참고 람사르 협약

람사르 협약(the Ramsar Convention)은 1971년 2월 2일 이란의 람사르에서 채택된 습지 보존을 위한 국제 협약인데, 정식 명칭은 '국제적으로, 특히 물새 서식지로서 중요한 습지에 관한 협약(the Convention on Wetlands of International Importance, especially as Waterfowl Habitat)'이다. 이 협약의 목적은 '습지는 경제적 · 문화적 · 과학적 · 여가적 차원에서 가치가 큰 자원이며 일단 습지가 손실되면 회복되기 어렵다'는 인식하에 습지의 점진적 침식과 손실을 막는 것이다. 1971년 18개국이 창설 회원으로 출발하였고, 2000년에는 회원국이 119개국이었고, 2011년 4월 현재 160개국이 참여하고 있다.

우리나라는 1997년 7월 28일 101번째로 람사르 협약에 가입하였다. 이 협약은 가입할 때 한 곳 이상의 습지를 람사르 협약 습지 목록에 등재하도록 하고 있는데, 우리나라는 최전방에 위치한 강원도 양구군 대암산 용늪을 신청해 등재하였고, 두 번째로 1998년 1월 20일 경상남도 창녕군 우포늪을 신청해 등재하였다. 그리고 2005년 전남 순천만 갯벌이 갯벌 중에서는 국내 처음으로 람사르 협약에 등록되었다. 2011년 4월 현재 람사르 협약 습지 목록에 지정된 우리나라의 습지는 14곳이다. 2008년에는 경상남도 창원에서 람사르 협약의 정기 총회가 개최되기도 하였다.

삼각주의 촌락 입지

삼각주(三角洲, delta)는 하천이 바다, 호소 등으로 들어가는 어귀에 모래나 점토 혹은 부유 물질 등이 퇴적되어 이루어진 지형이다. 그리스의 역사가 헤로도토스(Herodotus)는 나일 강 하구의 충적 지

형이 그리스어의 델타(Δ) 모양이라는 점에 착안해서 그것을 나일
강 델타라고 불렀는데, 여기서 삼각주(델타)라는 말이 유래되었다.
하천이 바다나 호소 등을 만나면 유속이 감소되는데, 유속이 감소
되면 하천의 운반력이 급속히 떨어지면서 모래나 점토 혹은 부유
물질 등이 퇴적된다.

  미시시피 강 삼각주(the Mississippi River delta)는 동－서의 폭이 약
300km, 남동－북서의 길이는 약 200km에 달한다(그림 6-7). 미시시
피 강 하구는 지난 5,000여 년 동안 동서 방향으로 수백 km를 일곱
번이나 이동하였다. 현재의 미시시피 강 하구는 새 발의 모양을 하
고 있기 때문에 조족상 삼각주(鳥足狀 三角洲, bird-foot delta)라고 부
르는데, 이것은 실제로는 미시시피 강 삼각주의 극히 일부분에 속
할 뿐이다. 루이지애나 주의 제1도시인 뉴올리언스(New Orleans)는

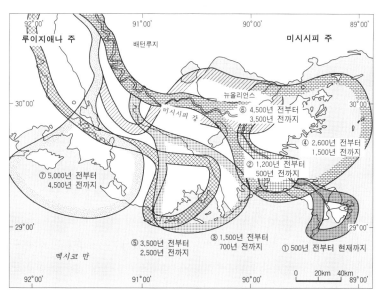

그림 6-7. 미시시피 강 하류의 삼각주

미시시피 강 삼각주의 자연제방에 형성된 도시이다.

충적평야 중에서도 가장 침수의 해를 입기 쉬운 곳은 삼각주이다. 낙동강 삼각주의 경우에 대부분의 취락이 제방을 따라서 열촌列村을 형성하고 있거나 삼각주 상의 구릉丘陵에 집촌을 형성하고 있다. 낙동강은 양산 협곡을 벗어나 김해평야로 들어오면서 크기가 비슷한 두 가닥의 큰 물줄기, 곧 2대 분류(分流, distributaries)로 갈라진다. 이 분류는 하류로 가면서 다시 여러 갈래로 갈라진다. 낙동강 삼각주의 대부분을 이루는 대저도, 유두도, 죽도, 수봉도, 맥도, 명호도, 을숙도 등의 섬은 물길이 갈라진 곳에 형성된 하중도들이다. 이들 섬은 크기의 차이가 있을 뿐, 강물의 흐름을 따라 형성되어 가운데가 볼록하고 양쪽 끝은 뾰족한 고구마처럼 생겼다. 그중 가장 큰 섬은 오늘날 김해 공항이 들어서 있는 대저도이다. 대저도는 2대 분류가 갈라지는 곳에서 시작되며, 남북의 길이가 약 10km, 동서 간의 길이가 최대 약 4km에 달한다(그림 6-8).

20세기 초까지 갈대가 무성한 습지가 대부분이었던 낙동강 삼각주는 오늘날 비옥한 김해평야로 변모해 있다. 낙동강 삼각주에는 1916년 대저 수리조합이 설립되고, 대저도와 그에 인접한 일부 섬에 제방을 축조하여 논이 개간되었다. 그러나 제방이 부실하여 되풀이되는 수해로부터 벗어날 수 없었다. 김해평야는 1932년 대저 제방이 완공됨으로써 비로소 곡창 지대로 바뀌게 되었다(그림 6-9).

대저 제방은 김해평야가 시작되는 곳으로부터 2대 분류 중의 하나인 서낙동강을 가로질러 대저도의 동쪽 변두리를 따라 그 아래의 명호도까지 곧바르게 쌓은 대규모의 둑이다. 그리고 서낙동강은 상단과 하단을 수문으로 막아 호소로 변하였고 낙동강은 지금의 물길

 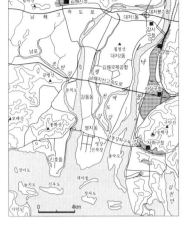

자료: 장보웅, 2000: 2~3.

그림 6-8. 1905년 낙동강 삼각주   **그림 6-9**. 현재의 낙동강 삼각주

로만 흐르게 되었다. 서낙동강 하단의 수문(녹산 수문)은 바닷물이 드나들지 못하게 해주며, 서낙동강 상단의 수문(대저 수문)은 언제나 배가 낙동강으로 드나들 수 있도록 해 주었다. 서낙동강은 물론 김해평야의.크고 작은 물길들은 오늘날에는 농업용수를 저장하는 저수지 기능을 수행하고 있지만, 지난날에는 배가 다니는 중요한 교통로로 이용되었다(그림 6-10).

낙동강 하구는 세계적인 철새 도래지이다. 해수와 담수가 합류하는 낙동강 하구는 새들의 먹이가 되는 수초, 조개류, 곤충들이 많아서 새들이 서식하고 번식하기에 좋은 환경을 이룬다. 특히 철새가 많아 '낙동강 하류 철새 도래지'라는 천연기념물 179호로 지정되어 있다. 또한 이 지역의 연안 지대에는 넓은 갈대 자생지가 있다. 과거에는 낙동강 삼각주에 거주하는 주민들이 갈대를 지붕 재료로 많이 사용하였다.

그림 6-10. 낙동강 삼각주와 그 부근 지역에 대한 인공위성 영상

해안의 촌락 입지

해안을 크게 분류한다면 암석 해안岩石海岸, 사빈 해안[砂濱海岸, 사질해안(砂質海岸)], 간석지 해안(干潟地海岸: 갯벌 해안), 간척지 해안 干拓地海岸 등으로 나눌 수 있다.

암석 해안의 촌락

암석 해안에서는 흔히 배후 산지가 해안에 근접해 있다. 암석해 안에는 원양 어업이나 근해 어업에 종사하는 순純 어촌이 많다. 배 후지를 가진 경우에는 항구 도시로 발달한다.

촌락지리학

사빈 해안의 촌락

사빈(砂濱, beach)이 길게 뻗어 있는 해안에서는 사구(砂丘, sand dune) 또는 빈제濱堤가 해안선과 평행으로 달린다. 사빈은 파랑에 의하여 형성되고 사구는 바람에 의하여 형성된다. 우리나라 서해안은 북서풍이 탁월하여 해안사구가 곳곳에 발달해 있다. 동해안에도 사빈과 사구가 발달하였다. 해안사구에 방조림과 방풍림이 조성되어 있는 경우를 흔히 볼 수 있다.

취락은 사구 혹은 빈제에 위치하거나 사구의 기슭에 위치한다. 사빈해안은 해안선의 출입이 적고 배후에 평지가 있어 반농반어촌 半農半漁村이 많다. 넓은 사빈은 어망과 어류의 건조장이 된다. 사구의 내측에는 논농사를 주로 하거나 겸업兼業을 하는 촌락이 들어서고, 사구의 외측에서는 어촌이 들어선다. 사구의 위에는 밭농사를 주로 하는 촌락이 들어선다.

간석지 해안의 촌락

간석지(干潟地, tideland, tidal mudflats)는 하천에서 유출된 물질이 조류潮流에 의해 다시 운반되어 퇴적된 평탄한 퇴적 지형이다. 간석지는 갯벌 또는 개펄이라고도 부른다. 우리나라의 서해안은 조차가 크고 해안선이 복잡하며 많은 육상 퇴적물이 공급되어 간석지가 넓게 형성되어 있다.

서해안 가로림만 웅도리(서산시 대산읍 웅도리)의 주민 생활을 관찰한 바에 따르면, 갯벌은 주민의 주요 생활 터전이자 주요 소득원이었다(이윤화, 2006). 가장 물길에 가깝게 형성되어 있는 것은 김 양식장이었는데, 김 양식장은 한사리 때에만 겨우 드러나는 지역에 형성되며 일반적으로 큰 물길에 접하여 이루어져 있었다. 바지락 양식장은 물길과 근접해서 표면 퇴적물에 잔자갈이 섞여 있는 지역에 형성되었다. 그런데 바지락 양식장은 낙지가 많이 잡히는 지역과 일치하였다. 갯지렁이는 중앙 물길 가까운 부분에서 잡히지만, 바지락 양식장보다는 약간 안쪽에 분포하였다. 그리고 투석식投石式 굴 양식은 섬과 물길 중간 지역의 갯벌에서 널리 분포하였다. 갯벌에서는 조류를 이용하여 안강망 어업이 이루어졌는데, 장어 치어, 숭어, 새우 등을 잡는 어업은 주로 모래 갯벌에서 이루어졌으며, 이 어업도 물때와 깊은 관련을 갖고 있었다.

:: 참고   굴 양식

우리나라에 서식하는 굴은 참굴(Crassostrea gigas)을 위시하여 3속屬 10종種에 달한다. 굴의 겉껍질은 다른 조개들처럼 매끈하지 못하고 예리하고 꺼칠꺼칠한 비늘 모양의 결이 서 있다. 굴이 사는 곳은 해안가의 바닷물이 들락거리는 조간대潮間帶에서부터 바다 밑 20m 근방에까지 꽤 다양하다. 굴은 세계적으로 널리 분포하는데, 우리나라에서도 모든 연안에 분포하며 주요 양식 대상이고, 또 주요 수출 품목으로도 각광을 받고 있다. 산란은 여름철 수온이 20℃ 이상 되면 시작하여 25℃ 전후일 때 가장 왕성한데, 어미 한 마리가 수천만 개의 알을 낳는다. 알에서 깬 직후의 유생幼生은 부유 생활을 하며 자라는 동안 몇 차례의 변태를 거쳐 2~3주일이 지나면 고착 생활에 들어간다. 이때의 크기는 지름 0.3~0.4mm 정도이다. 고착 수심은 수면으로부터 6m 정도까지이지만, 수면으로부터 2m 정도까지에 가장 많이 고착한다.

우리나라에서는 '수하식垂下式', '투석식投石式', '수평망식水平網式'

등으로 굴 양식이 이루어진다. 수하식 굴 양식은 갯벌이나 바다에 지주나 부표를 띄워 종패(種貝: 새끼 굴)가 붙어 있는 죽은 굴 껍데기를 올망졸망 줄에 꿰매어 물밑에다 뒤룽뒤룽 드리워 놓아 키우는 것인데, 남해안에서 널리 행해진다. 투석식 굴 양식은 갯벌에다 넓적한 돌을 적당한 간격으로 던져 놓고 돌에 부착한 굴을 양식하는 것인데, 서해안 갯벌에서 널리 행해진다. 수평망식 굴 양식은 프랑스에서 건너 온 것으로 그물 보자기에 종패를 넣고 널평상－平床 같은 데 올려놓아 키우는 것이다. 굴의 생산량은 자연적인 해황海況에 따라 풍흉豊凶에 차이가 생기게 된다. 우리나라에서는 통영, 거제, 고성을 중심으로 한 경남의 생산량이 전체 굴 생산량의 약 75%를 차지한다.

간척지 해안의 촌락

간석지는 해안선에 방조제를 구축하여 간척지(干拓地, reclaimed land)로 개발하는데, 육지 쪽이 높고 바다 쪽이 낮은 관계로 해침海浸의 빈도가 낮은 구릉의 주변부에서부터 개발하게 된다. 우리나라에서는 간척지를 농경지로 이용하거나 공업 단지, 도시 용지, 염전, 수산 양식장 등으로 이용하여 왔다. 만조 때에는 간척지의 지면이 해수면보다 낮게 되어 해침의 위험을 안고 있고, 집중호우 때에는 하천 범람과 제방 붕괴의 위험을 안고 있다. 간척지는 대개 논으로 이용되므로 염분을 제거하기 위하여 관개수로를 지면보다 높게 구축하고, 내륙으로부터 담수를 끌어온다.

간척지에서는 질서 정연하고 규칙적인 수로와 바둑판 모양으로 균분된 토지 구획이 나타난다. 간척지의 취락은 흔히 열상列狀으로 배치한다. 지반이 저습하여 거주 조건이 불리하기 때문에 성토盛土

에 의한 건조지면乾燥地面을 조성하여 집터로 활용하는 경우가 있다.

:: **참고 우리나라의 간척 사업**

간척은 바닷가, 호숫가, 혹은 강가에 제방을 만들고, 그 안에 있는 물을
빼내어 육지화한 후 농업 용지나 산업 부지 등을 만드는 일을 말한다. 우
리나라에서 이루어지는 대부분의 간척 사업은 바닷물을 막는 방조제를
설치하여 간석지(갯벌)를 농업 용지나 산업 용지 등으로 이용하는 것이
다. 한편 매립은 다른 곳에서 토사 등의 물질을 인위적으로 운반해 와서
해안부에 투여하여 해수면의 최고 수위 이상으로 지반을 높이는 것으로
서 항만, 공업 단지, 도시 용지 등의 토지를 확보하기 위한 것이다. 간척
과 매립은 엄격히 따지면 구분되지만, 보통 매립은 간척의 한 부분으로
보고 있다.

우리나라의 서해안 혹은 서남해안은 간석지가 잘 발달하여 간척에 유리
한 자연 조건을 갖추고 있다. 우리나라의 간척은 매우 일찍부터 시작되
었다. 기록에 따르면, 이미 고려 시대인 1231년에 강화도에서 간척 사업
이 이루어졌다고 한다. 쌀이 부족하던 시대에는 식량 문제의 해결을 위
해 간척 사업이 정책적으로 추진되었다. 간척 사업 이후에는 복잡하고
긴 해안선이 단순화되고 짧아진다. 근래에 환경 문제가 크게 대두됨으로
써 간척 사업이 다소 주춤하고 있다. 근래 논란이 되고 있는 새만금 간척
사업을 둘러싼 정부와 환경 단체 간의 갈등도 이러한 맥락에서 이해할
수 있다.

:: 참고 **새만금 간척 사업**

새만금 간척 종합 개발 사업은 전라북도 군산시, 김제시, 부안군 일대 갯벌에 40,100ha(제주도의 1/4, 여의도의 140배 규모)의 간척지를 만드는 사업이다(그림 6-11). 이 간척 사업은 군산과 부안을 연결하는 33km의 방조제를 설치하여 28,300ha의 토지와 11,800ha의 담수호를 만드는 것이다. 1991년 11월 16일 새만금 간척 사업의 첫 공사가 시작되었고, 2010년 4월 27일에 33km의 새만금 방조제가 준공되었다. 1991년 개발 구상안에서는 새만금 간척지 전부를 농업 식량 생산 기지로 조성하고자 구상하였으나, 2008년 변경안에서는 30%를 농업 용지로 개발하고 나머지 70%는 산업 용지, 관광 · 레저 용지, 국제업무 용지, 과학연구 용지, 배후도시 용지 등으로 개발하고자 구상한다.

간척 사업이 국토 면적의 확장과 경제 발전에 크게 기여하였지만, 수산 자원 및 자연환경의 보전 차원에서 부정적인 시각이 대두되어 그간의 사

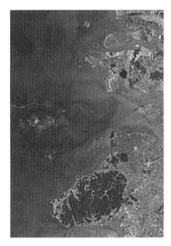

간척 사업 이전(1989년 3월)   방조제 준공 이후(2006년 10월)

그림 6-11. 새만금 위성 사진

업 성과에 대한 회의론 또는 자성론이 제기되었다. 특히, 새만금 간척 사업을 둘러싸고 많은 논란이 있었다. 예를 들면, 새만금호가 제2의 시화호가 될 것이라는 우려가 있었고, 갯벌이 논보다 경제적 가치가 오히려 크다는 지적이 있었으며, 간척으로 갯벌이 사라짐에 따라 생태계가 파괴된다는 주장이 제기되었다.

3. 교통과 촌락 입지

역 촌락, 원 촌락, 파발 촌락, 그리고 막 촌락

역驛이 설치된 곳은 교통의 요지로서 시설 · 장비가 집중된다. 역에 종사하는 관리와 그 가족들이 거주하고 일반 여행자의 왕래가 빈번해짐에 따라 역을 중심으로 촌락이 발달하였는데, 이를 역촌驛村 혹은 역驛 촌락이라고 한다. 역촌과 관련이 있는 지명에는 서울의 역촌동, 역삼동, 말죽거리 등이 있으며, 지방의 역곡, 역내리, 역담리 등이 있다.

우리나라의 역제驛制는 신라 소지왕炤知王 9년(487)에 역을 설치함으로써 시작되었다. 역이 전국적으로 분포되어 중앙 통치권하에 들어간 것은 고려 성종 이후이다. 그러므로 역과 역로驛路는 고려 시대부터 조선 시대에 걸쳐 전국적으로 정비된 것이다. 역은 시대에 따라 변천하였으나, 고려 시대부터 조선 시대까지 역의 개수는 별로 변하지 않았다(표 6-2). 조선 시대에 들어와서는 역로의 중심이 개경에서 한성으로 옮겨졌다.

표 6-2 역수의 변화

(단위: 개)

구분	고려사 (高麗史)	세종실록지리지 (世宗實錄地理志)	경국대전 (經國大典)	신증동국여지승람 (新增東國輿地勝覽)	반계수록 (磻溪隨錄)	여지도서 (輿地圖書)
역 수	525	456	540	549	1538	494

역은 공문서의 전달, 관리의 왕래와 숙박, 공물 진상 등 관물官物의 수송을 담당하였다. 조선 시대의 주요 도로에는 대략 30리(약 12km) 간격으로 역이 분포해 있었다. 역에는 역리驛吏, 역졸驛卒, 노비奴婢, 역마驛馬 등과 역의 운영에 필요한 토지가 등급에 따라 할당되었다. 조선 시대에 역과 역로는 한성과 지방의 주요 행정 중심지 및 군사 기지를 잇는 교통·통신 기관으로 운영되었고, 물자의 운송은 수운水運에 맡겼다. 조선 시대에는 도로의 건설에 소극적이었다.

조선 시대의 역로 중에서는 한성과 지방을 잇는 6개의 간선도로가 중요했다(그림 6-12). 제1로인 의주로義州路는 한성-개성-평양-의주를 잇는 도로로서 중국과의 사이에 사신이 내왕하여 사행로使行路라고도 불렸다. 제2로인 경흥로慶興路는 한성-철령-함흥-회령-경흥을 잇는 도로로서 관북로關北路라고도 불렸다. 제3로인 평해로平海路는 한성-원주-대관령-강릉-삼척-평해를 잇는 도로로서 관동로關東路라고도 불렸다. 제4로인 동래로東萊路는 한성-광주-충주-조령-문경-대구-동래를 잇는 도로로서 영남로嶺南路라고도 불렸다. 제5로인 해남로海南路는 한성-수원-공주-삼례-나주-해남을 잇는 도로로서 호남로湖南路라고도 불렸다. 그리고 제6로인 강화로江華路는 한성-김포-강화를 잇는 도로였다(권혁재, 2003).

①의주로(사행로): 한성 ↔ 평양 ↔ 의주
②경흥로(관북로): 한성 ↔ 함흥 ↔ 경흥
③평해로(관동로): 한성 ↔ 강릉 ↔ 평해
④동래로(영남로): 한성 ↔ 충주 ↔ 동래
⑤해남로(호남로): 한성 ↔ 삼례 ↔ 해남
⑥강화로: 한성 ↔ 강화

그림 6-12 조선 시대의 역로

원院의 설치 목적은 공용公用 여행자의 숙식 제공과 빈객賓客을 접대하는 데 있었다. 원은 일반인에게도 숙박과 편의를 제공하였다. 원 주위에는 촌락이 발달하였는데 현재까지 지명이 남아있는 곳이 많다. 예컨대 조치원, 사리원, 이태원, 계수원, 장호원, 퇴계원 등이 그것이다. 경상남도 합천군 율원리, 산청군 원리, 양산군 원리, 거창군 신원면, 수원리 등도 원과 관련된 지명이다.

파발擺撥은 조선 전기 이후 변경邊境의 군사 정세를 중앙에 신속히 전달하고, 중앙의 시달 사항을 변경에 전달하기 위해 설치한 특수 통신망이다. 파발 주변에도 촌락이 형성되었다. 대표적인 파발 촌락의 예로는 서울의 구파발, 경기도 포천의 파발막, 경기도 광주의 파발막 등을 들 수 있다.

주막촌酒幕村 혹은 막幕 촌락은 일반 여행자와 상인을 대상으로 교통의 요지에 발달하였다. 경상북도 점촌은 주막촌이 확대되어 발달한 취락이다. 주막촌과 관계있는 지명으로서는 떡점거리, 주막거리, 삼거리 등이 있다. 자연발생적인 주막촌이 일반 여행자와 상인을 위한 민간 주도형의 숙박 기능을 갖고 있었다면, 원은 공용 여행자를 위한 관 주도형의 숙박 기능을 갖고 있었다.

영 촌락

영嶺 촌락은 산을 넘어가는 교통로(고개나 그 아래)에 입지하는 촌락이다. 소백산맥의 고개와 영 촌락은 표 6-3과 같다. 조령(鳥嶺, 새재)은 오랫동안 서울과 부산을 잇는 중요한 교통로였다. 문경읍 상리에서 서북쪽으로 12km 지점에 조령 제1관문[주흘관문(主屹關門)]이 있고, 여기서 4km 더 가면 조령 제2관문[조곡관문(鳥谷關門)]이 있으며, 또 거기서 4km 더 가면 조령 제3관문[조령관문(鳥嶺關門)]이 있다. 오늘날에는 이 고갯길이 보수되어 관광지로서 각광을 받고 있다. 일제 강점기에는 조령이 높고 험하므로 바로 인근에 자동차 도로를 만들었는데, 이 도로가 지나는 고개를 이화령梨花嶺이라고 부른다. 추풍령秋風嶺은 소백산맥의 고개(재, 영) 중에서 가장 표고가 낮은데, 이 고개를 따라 1911년에 경부선 철도가 부설되고 1970년 경부 고속국도가 개통되었다. 태백산맥의 대관령大關嶺, 진부령陳富

표 6-3. 소백산맥의 고개(영)와 영 촌락

고개 이름	표고 (m)	구간	영 촌락	교통로
죽령	689	단양군 대강면~ 영주시 풍기읍	대강면 용부원리 풍기읍 희방사	중앙선(철도), 국도(5번) 중앙고속도로(56번) : 남한 최장 터널
조령	642	충주시 상모면, 괴산군 연풍면~ 문경시 문경읍	상모면 수안보 온천 연풍면 수옥리 문경읍	영남대로(8구 경부가도) 조령 제1 · 2 · 3관문 문경새재 도립공원
이화령	548	괴산군 연풍면~ 문경시 문경읍	연풍면 소재지 문경읍	국도(구 3번 국도) 국도(현 3번 국도)–터널 중부내륙고속도로–터널
소리터고개	310	보은군 마로면~ 상주시 화남면	마로면 송현리 화남면 평온리 · 임곡리	국도(25번) 청원–상주 간 고속도로(30번)
추풍령	217	영동군 추풍령면 ~김천시 봉산면	추풍령면 추풍령 봉산면 봉산, 광천리	경부선(철도), 국도(4번) 경부고속도로(1번), 고속철도
우두령	750	영동군 상촌면~ 김천시 구성면	상촌면 흥덕리 구성면 월계리	지방도로(901번)
신풍령(빼재)	900	무주군 무풍면~ 거창군 고제면	무풍면 삼거리 고제면 개명리	국도(37번) 백두대간 산행(신풍령~육십령)
육십령	734	장수군 장계면~ 함양군 서상면	장계면 명덕리 서상면 서상, 중남리	국도(26번) 중부고속도로(35번)–육십령 터널
88고속국도	–	남원시 인월면~ 함양군 백전면	지리산 휴게소는 남원시 와 장수군 경계에 위치	88올림픽고속도로(12번) 팔랑재, 팔령재
팔량치	590	남원시 인월면~ 함양군 함양읍	인월면 성산리 · 상우리 함양읍 죽림리	국도(24번). 팔랑재는 위천과 임천강의 분수계에 위치함.
60번 지방도로	–	남원시 인월면~ 함양군 마천면	인월면 산내(뱀사골 입구) 마천면 마천(백무동 입구)	임천강을 따라 도로가 있음. 넘어야 할 큰 고개가 없음.

嶺, 철령鐵嶺, 대간령大間嶺, 그리고 함경산맥의 황초령黃草嶺, 부전령赴戰嶺, 후치령厚峙嶺 등에도 영 촌락이 발달하였다.

도진 취락과 교반 취락

도로와 큰 하천이 교차하는 곳에서는 사람들이 일찍부터 나룻배로 강을 건넜고 강을 건너는 양쪽 나루터 주변에는 촌락이 발달하

표 6-4. 우리나라의 도진 취락

나루가 붙은 취락	한강의 많은 나루 중에서 광나루, 삼전나루, 동작나루, 한강나루, 노들나루, 삼개나루, 양화나루 등이 중요한 나루였다.
도가 붙은 취락	벽란도, 목도
진이 붙은 취락	은진, 노량진, 옹진, 웅진, 삼랑진, 장진, 죽진, 당진, 덕진, 도진, 문진, 명당진, 선진, 성진, 벽파진, 연진, 신탄진, 청성진, 통진
포가 붙은 취락	구포, 김포, 마포, 영등포, 개포, 고랑포, 군포, 매포, 방두포, 백석포, 범포, 세포, 심포, 아득포, 아포, 역포, 옥포, 용포, 영산포, 이포, 림포, 립포, 주포, 지포, 초포, 탄포, 파포, 팔구포, 하시포, 학포, 한포, 합포, 서포, 법포, 둔포, 만포, 웅포, 나포

였다. 이와 같이 하천을 건너는 요지에 입지한 촌락을 나루터 촌락 또는 도진渡津 촌락이라고 한다. 우리나라에서 하천 변에 있는 나루 혹은 도渡·진津·포浦가 붙은 지명은 도진 취락으로서 발생한 것이다(표 6-4).

:: 참고　벽란도

벽란도碧瀾渡는 경기도 개풍군과 황해도 연백군 사이의 예성강 하류에 위치하는 도진 취락이었다. 벽란도는 원래 예성항으로 불렸으나 그곳에 있던 벽란정碧瀾亭의 이름을 따서 벽란도라고 칭하였다. 벽란도는 서울에서 개성을 거쳐 황해도의 연안–해주 방면으로 나가는 도로에 임한 교통의 관문이었고, 또한 해외 교통의 요충지에 위치하여 당·송 시대부터 무역 활동이 활발하던 국제 무역항이었다. 오늘날 북한 지도에는 벽란도 터가 남아 있다.

　외국의 경우, 영어의 −퍼드(-ford), 독일어의 −푸르트(-furt), 프랑스어의 – 퐁(-pont) 등의 어미가 붙은 것은 과거 도진 촌락에서 발달한 경우가 대부분이다. 영어의 옥스퍼드(Oxford), 스탠퍼드(Stanford), 독일의 프랑크푸르트(Frankfurt), 프랑스의 발롱퐁다크(Vallon-Pont-d'Arc)등이 대표적이다.

도진 촌락은 육상 교통의 발달과 교량의 건설로 원래의 기능을 상실하였다. 이러한 도진 촌락은 다리가 놓인 후에 교반橋畔 취락 혹은 교변橋邊 취락이 된 것이 많다. 영국에는 케임브리지(Cambridge)와 같이 지명에 –브리지(-bridge)가 붙은 취락이 많은데, 이와 같은 지명은 이곳이 교반 취락임을 의미한다.

철도나 신작로 등에 의한 취락 발달

20세기에 들어서 철도나 신작로와 같은 교통 체계가 도입·확충됨에 따라 취락 질서에 상당한 변화가 있었다. 철도를 따라서는 철도역이 들어서고, 철도역 앞에는 역전驛前 취락이 발달하였다. 대전, 익산(이리), 안양, 의정부 등도 철도가 개통된 이후에 지방 중심 도시로 성장한 도시들이다. 읍내가 철도에서 멀리 떨어진 경우에는 철도역을 중심으로 신도시가 형성되고, 기존의 읍내는 주요 기능을 신도시에 내주게 되었다. 경남 함안군의 중심지는 함안면 함안이었지만, 철도가 가야읍 가야로 지나가면서 함안군의 중심지는 가야읍이 되었다. 금강 연안의 부강(芙江, 충북 청원군 부용면 부강리)은 중요한 하항河港이었지만, 경부선 철도가 개통된 이후에 하항에서 역전 취락으로 탈바꿈했다.

1970년대 이후 철도보다는 도로가 중요해짐에 따라 수많은 역전 취락(특히 완행열차만 서는 작은 역의 역전 취락)이 쇠퇴하였다. 오늘날 하나의 도시에서도 철도역 앞은 한적해진 반면에 시외버스 터미널이 들어선 곳은 사람들로 북적거린다.

근대적인 도로인 신작로도 취락의 질서에 지대한 영향을 미쳤다. 조선 시대의 읍 취락은 신작로가 통과하는 경우에 지방 중심 도시로 발달하였다. 그러나 신작로가 비켜가는 경우에는 쇠퇴하였다. 이런 경우에는 신작로가 지나가는 신읍新邑과 과거의 중심지인 구읍舊邑이 성장과 침체로 대조를 이룬다.

내륙 수로와 하항

우리나라 하천은 경사가 비교적 급하고, 강수량의 계절적인 편중이 심하여 갈수기에는 하상이 드러나며, 겨울철에는 결빙 구간이 증가하는 등 내륙 수로 여건이 좋지 못한 편이다. 이러한 자연적인 제약이 있음에도 불구하고, 역사적으로 볼 때 내륙 수로는 물물 교환의 수단, 조운 제도의 근간, 각 지역을 연결하는 교통로, 상업 활동의 기반 등의 기능을 수행하였다(김종일, 2005). 큰 하천은 내륙 수로로 중요하였기 때문에 배가 많이 정박하거나 기항하는 곳에는 하항河港이 발달하였다. 만조 때 밀물이 올라오는 한강의 마포(서울시 마포구), 낙동강의 삼랑진(경남 밀양시 삼랑진읍), 금강의 강경(충청남도 논산시 강경읍) 등은 바다에서 어선이 많이 들어오는 하항이었다. 이보다 상류에는 수심이 얕아 바닥이 평평한 강선江船이 오르내렸는데, 한강 본류의 뚝섬(서울시 성동구), 남한강의 양근(양평군 양평읍 양평)·이포(여주군 금사면 이포리)·목계(충주시 엄정면 목계리)·영춘(단양군 영춘면 영춘), 낙동강의 왜관(경북 칠곡군 왜관읍 왜관) 등은 20세기에 들어서도 하항으로써 번영을 누렸다.

20세기 초반에 도로, 철도 등 근대적인 교통수단이 도입된 이후 내륙수로는 쇠퇴의 길을 걷게 되었고, 동시에 가항로에 위치했던 지역의 쇠퇴와 하천 공간의 지역적인 단절을 야기하였다. 최근 우리나라는 교통 체증이 심각하여 물류 비용이 급격히 증가하고, 수자원 이용에 대한 국민적 욕구가 증대됨에 따라 내륙 수로 개발에 대한 관심이 구체화되고 있다. 내륙 수로는 도로, 철도 등의 육상 교통에 비하여 운송 시간이 많이 소요되는 단점이 있으나, 물류 비용의 절감, 교통 체증의 완화 등과 같은 수송 효율성이 높은 것으로 알려져 있다. 1995년에 정부가 경인 운하를 민자 유치 대상 사업으로 선정한 이후, 한강 하류의 운하 건설이 구체화된 바 있었고, 이명박 정부의 등장 이후에 4대강 운하 건설 사업이 본격적으로 추진되기도 하였다.

:: 참고 영산강 주운의 변천

육상 교통이 발달하기 이전에 영산강 주운舟運은 교통로로서 중요한 역할을 수행하였다. 목포-영산포 사이에는 5~10리마다 포구가 있었으며 포구의 숫자는 약 40개에 달하였다. 그러나 1970년대 중반 이후 주운 기능이 쇠퇴하면서 주운과 관련된 포구, 나루터, 주막, 등대 등은 모두 기능을 상실하였으며, 현재는 진, 포, 창과 같은 주운과 관련된 지명에서 그 존재를 찾을 수 있을 뿐이다. 영산강 주운의 성쇠는 다음과 같은 세 시기로 구분하여 고찰할 수 있다(김종일, 2005: 43~45).

제1기는 1897년 목포항 개항 이전의 시기이다. 이 시기에 영산강 주운의 수단은 주로 무동력 범선이었으며, 영산강은 세곡 운반 등 화물 운송과 문화 교류 및 사신 왕래, 수군 이동 및 전략 기지와 같은 군사적 목적, 어로 활동 공간 등으로 활용되었다. 내륙 수로를 이용하여 세곡을 조정으로 운송하기 위하여 고려 성종 11년(992년)에 영산강 유역에 두 개의 조창을 설치하였다. 조선 시대에는 영산강 유역의 조운은 영산창을 중심으로 이루어졌다.

제2기는 목포항 개항 이후부터 1912년 국도 1호선과 1913년 호남선 철도가 개통되기까지의 기간으로 영산강의 주운이 가장 발달한 시기이다. 목포항의 개항 이후 일본인들의 왕래가 잦아지면서 내륙 수로에 동력선과 범선이 운항되면서 영산강은 해양에서 내륙으로 진입하고 내륙에서 해양으로 진출하는 통로가 되었다. 목포항이 일찍이 개항하여 미곡 수출항으로 발전할 수 있었던 것은 영산강 유역의 넓은 평야에서 생산되는 곡물을 주운을 통해서 운송하는 것이 가능했기 때문이었다.

제3기는 도로와 철도 개통 이후부터 하구둑 축조(영산강 하구둑은 1978년에 착공하여 1981년에 완공되었다)까지의 시기로서 주운의 중요성이 점차 낮아지면서 쇠퇴하던 시기이다. 도로와 철도가 개통된 이후 주운의 상대적 비중은 줄어들었지만, 상당한 기간 동안 인적·물적 교류의 양은 오히려 증가하였다. 10톤~30톤 급의 중선배가 조석을 이용하여 오르내리면서 영산포는 주운 및 육상 교통 중심지의 이점을 살려 농산물의 집산지, 화물의 적환지로써 급성장하여 1937년 영산포가 읍으로 승격되기에 이르렀다. 그러나 목포에서 영산포까지의 주운 기능은 1977년 10월 영산포에서 마지막 배가 떠난 이후에 완전히 중단되었고, 동시에 영산포의 세력도 쇠퇴하고 말았다.

4. 방어와 촌락 입지

외적의 침입에 대비하기 위해 군사적인 요충지에는 보편적으로
성城을 쌓았다. 산이 험한 곳은 외적의 방어에 유리하므로 산성山城
을 쌓는 경우가 많았다. 산성에 발달한 촌락을 산성 촌락이라고 하
는데, 대표적 사례는 경기도의 남한산성과 평안도의 영변산성이다.
외국의 경우에도 외적 방어상의 군사적 요충지에 성을 쌓아 그 안
에 촌락이 발달한 경우가 많다. 영어의 -캐슬(-castle), 독일어의 -부
르크(-burg)는 모두 성을 뜻하는 지명이다. 영국의 뉴캐슬(Newcastle),
독일의 함부르크(Hamburg)와 잘츠부르크(Salzburg) 등이 그 좋은 예
이다.

조선 시대의 병영兵營과 수영水營은 각각 병마절도사(兵馬節度使,
병사)와 수군절도사水軍節度使가 주둔하는 주진主鎭이었는데, 그 주
변에 취락이 형성되었다. 병영과 수영은 한 도에 각각 하나씩 두고
관찰사가 병마절도사와 수군절도사를 겸하는 것이 원칙이었으나,
국방상 요지에는 병영·수영을 증치하여 병마절도사와 수군절도사
를 따로 두었다. 진관 체제에 있어서 병마절도사와 수군절도사가 있
는 곳을 주진主鎭이라고 하였고, 그 아래에 군사적 요충지로서 거진
등 대소의 진鎭이 있어서 병영과 수영의 통제를 받았다. 압록강과 두
만강 방면에는 조선 시대부터 진鎭·보堡를 설치하여 방어했던 관계
로 혜산진, 만포진, 중강진, 신갈파진 등과 같이 진 또는 보라는 명칭
을 가진 촌락이 많다.

조선 시대의 지방 행정의 거점이던 성읍城邑의 대다수는 오늘날
주요 도시로 성장하였다. 우리나라 읍성의 대부분은 일제 강점기에

시가지가 확장되는 과정에서 철거되어 없어졌다. 다만, 주요 도시로 성장하지 않았거나 혹은 시가지 확장에서 벗어나 있던 일부 읍성으로 서산의 해미읍성海美邑城, 순천의 낙안읍성樂安邑城, 고창의 고창읍성[高敞邑城, 모양성(牟陽城)] 등은 보존·복원되어 관광 자원으로 중요한 역할을 하고 있다.

5. 촌락 입지와 풍수지리

풍수지리와 배산임수

풍수風水 혹은 풍수지리風水地理는 음택풍수陰宅風水, 양기풍수陽基風水로 나눈다(최창조, 1984). 음택풍수는 묘지풍수墓地風水를 말하는 것이고, 양기풍수는 택지풍수宅地風水와 취락풍수聚落風水를 합쳐서 부르는 말이다. 풍수지리의 공통된 점은 배산임수背山臨水이다. 즉, 북쪽으로 산을 등지고 남쪽으로는 하천에 면해 있는 위치를 가장 좋은 길지吉地 혹은 명당明堂이라고 한다. 배산에 대한 지리적 해석은 북쪽으로 산을 등지면서 남향으로 위치하면 낮에 햇빛을 많이 받고 겨울에는 추운 북서계절풍을 막을 수 있다는 것이다. 즉, 배산은 방풍득온防風得溫에 가장 적합한 위치라고 할 수 있다. 또한 배산은 연료를 얻는 데 용이하다는 점에서도 입지상의 이점이 있다. 임수는 촌락 앞에 하천이 흐르는 것을 말한다. 물이 있어 한발이 적고 농사에 유리하여 경제 생활의 안정을 얻을 수 있다는 점에서 임수는 입지상의 이점으로 작용한다.

풍수지리의 다양한 용어와 개념

산·용·맥·혈·사

풍수지리의 산山은 지형학적 산의 개념과 꼭 일치하지는 않는다. 경우에 따라서는 평지보다 일 척尺만 높아도 산이 될 수 있고 일 척만 낮아도 수水로 취급되기도 한다. 풍수지리의 용龍은 산을 말하나, 주로 산의 정상으로부터 사방으로 뻗어 나간 줄기, 즉 땅의 기복을 말한다. 이는 그 형상이 용이 꿈틀거리는 것과 비슷하다고 해서 붙여진 이름이다. 풍수지리의 맥脈이란 용 속에 감추어진 산의 정기精氣를 말한다. 한의학의 입장에서 사람에게 기와 혈이 흐르는 맥이 있다고 보는 것과 마찬가지로, 풍수지리의 입장에서는 산과 용에도 맥이라는 것이 있다는 것이다. 풍수지리의 혈穴은 용맥 중에서 생기가 가장 몰려 있는 곳인데, 한의학에서 침을 놓는 곳을 혈이라고 부르는 데에서 유래한 것이다. 풍수지리의 사砂는 혈장穴場 주위의 형세, 즉 산, 암석, 수목, 강, 바다, 호수, 평야, 사지, 구릉, 도로, 건물 등을 총칭하는 것이다. 이는 옛 사람들이 좋은 산세 지리를 설명하거나 가르칠 때, 모래나 흙으로 그 형세를 그린 데에서 유래되었다고 한다.

사신사

사신사四神砂는 좌청룡左靑龍, 우백호右白虎, 전주작前朱雀, 후현무後玄武 등 주위의 네 산을 말한다(그림 6-13, 6-14). 모두 혈을 둘러싸고 있는 산의 풍수적 명칭이다.

현무는 거북 모양의 상상적 짐승이다. 풍수지리의 현무는 혈의 북쪽 산을 말하는데, 주산主山과 현무정玄武頂이 이에 해당한다. 주산은 혈장이 있는 명당의 뒤에 위치하기 때문에 후산後山이라고 하며, 이 산이 취락을 지켜 준다는 의미에서 진산鎭山이라고도 부른다. 주산으로부터 내려오는 내룡內龍이 우뚝 솟은 곳을 현무정이라고 한다. 사람에게 계보상 시조始祖가 있듯이 용에도 그 근본이 되는 조산祖山이 있다. 이 조산은 혈장으로부터의 거리와 산의 규모에 따라 태조산太祖山, 중조산中祖山, 근조산近祖山으로 구분하기도 한다.

풍수지리의 청룡은 혈의 동쪽을 둘러싸고 있는 산을 말하는데, 이 산이 두 겹인 경우 안쪽 산을 내청룡內靑龍, 바깥쪽 산을 외청룡外靑龍이라 한다. 풍수지리의 백호는 혈의 서쪽을 둘러싸고 있는 산을 말하는데, 이 산이 두 겹인 경우 안쪽 산을 내백호內白虎, 바깥쪽 산을 외백호外白虎라 한다.

풍수지리에서 혈의 앞쪽에 해당하는 산, 즉 주작에 해당하는 산

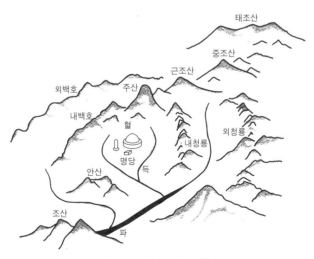

그림 6-13. 풍수지리의 개념도

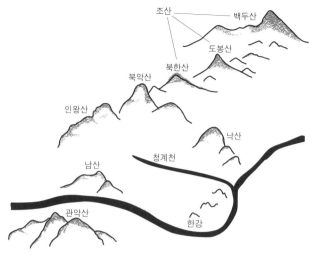

그림 6-14. 서울 풍수지리의 개념도

으로는 안산案山과 조산朝山이 있다. 안산은 혈 바로 앞에 있는 나지막한 산이고, 조산은 안산 앞에 있는 높고 큰 산이다.

명당 · 득 · 파 · 좌향

청룡과 백호에 둘러싸인 혈의 앞쪽 땅을 명당이라 한다. 혈 또는 명당의 양측으로부터 흘러내리는 수류水流의 발원처를 득得이라 하고, 득이 명당의 바깥쪽으로 빠져나가는 곳을 파破 또는 수구水口라 한다. 주거지의 경우 주 건축물을 세우는 곳, 그리고 음택의 경우 관을 넣는 곳인 혈의 중심을 좌坐라 하고, 이 좌가 정면을 향하는 방위를 향向이라고 한다. 따라서 좌향은 일직선상에 놓이게 된다. 좌향은 주로 24방위를 사용한다. 예를 들어 좌가 정북방에 그리고 그 향이 정남방을 향하고 있는 좌향을 자좌오향子坐午向이라고 한다.

풍수사 · 지사 · 지관

우리나라에서는 옛날부터 풍수 전문가를 풍수사風水師, 지사地師, 혹은 지관地官이라고 불렀다. 풍수사는 풍수에 능통한 선생, 지사는 지리에 뛰어난 선생이라는 뜻이며, 지관은 왕가의 능을 만들때 땅의 생김새를 보고 길흉을 판단하는 자리에 임명된 자를 지관이라고 칭한 데서 유래한 말이다.

풍수지리의 원리

풍수지리는 음양론陰陽論과 오행설五行說을 기반으로, 주역周易의 체계를 주요한 논리 구조로 삼으며, 그 구성은 산山, 수水, 방위方位, 사람 등 사자四者의 조합으로 성립된다. 구체적으로는 간룡법看龍法, 장풍법藏風法, 득수법得水法, 정혈법定穴法, 좌향론坐向論, 형국론形局論 등의 형식 논리를 갖는다.

간룡법

간룡법은 지기가 흐르는 산줄기의 좋고 나쁨을 가리는 법이다. 풍수에서는 가시적인 실체로서 표출되는 산을 용이라 하는데, 그 용맥龍脈 흐름의 좋고 나쁨을 조산으로부터 혈장까지 살피는 일을 간룡법이라 한다.

장풍법

장풍법은 산줄기를 타고 흘러내리는 지기가 바람에 흩어지지 않도록 막는 법이다. 풍수에서는 바람이 땅의 생기生氣를 흩어 버리므로, 생기를 포용하고 음양의 원기元氣를 지닌 바람을 잡아 모을 수 있어야 한다고 본다. 여기에 장풍의 필요성이 생긴다. 장풍은 바람을 막는 것[방풍(防風)]이 아니고 바람을 잘 끌어 들여 간수하는 것[장풍(藏風)]으로 보아야겠다.

득수법

득수법은 물을 얻는 법이다. 득得이란 혈장으로 오는 물來水을 말하는 것이고 파破란 가는 물去水을 말한다. 생명체에 입과 항문이 있는 것과 같이, 득은 용혈龍穴의 입이 되고 파는 그것의 항문이 된다. 그래서 득에서 얻은 물과 바람의 정수精髓를 용혈에서 흡수하고 찌꺼기를 파로 배출하는 것이다.

정혈법

정혈법은 지기가 풍부한 곳을 찾아내는 법이다. 혈이란 풍수에서 요체가 되는 장소이다. 음택의 경우 시신이 직접 땅에 접하여 그 생기를 얻을 수 있는 곳이며, 양기의 경우 거주자가 직접 삶의 대부분을 사는 곳이다.

좌향론

좌향론은 선정된 장소에 시설물을 배치하는 데 적용하는 법이다. 원래의 좌향坐向은 내룡內龍을 등지고 안산을 바라보는 혈처穴處의 방위를 말하는 것이지만, 여기서는 혈처의 좌향뿐만 아니라 산과 수의 흐름 방향 등 방위 문제 전반이 관련된다.

형국론

형국론은 산과 하천의 형태를 동식물에 빗대는 이론이다. 형국론은 지세의 외관에 의하여 그 감응感應 여부를 판단하는 법이다. 따라서 명당은 형국론에 따라 구체적인 모습을 드러낸다. 예를 들면, 비룡승천飛龍昇天, 연화부수蓮花浮水, 회룡고조回龍顧祖, 금계포란金鷄抱卵, 옥녀개화玉女開花, 구룡쟁주九龍爭珠 등으로 외형으로 지세를 직관할 수 있는 내용들이 대부분이다.

6. 비보적 취락 경관

비보설의 개념

비보설의 기원과 발전

한국의 비보설裨補說은 도선(道詵, 827~898)을 종조宗祖로 삼으며, 비보설의 역사적 기원은 비보사탑설裨補寺塔說에 있다. 비보사탑설은 산천의 순역順逆을 살펴 지덕地德의 쇠처衰處나 역처逆處에 사찰, 탑, 불상을 세워 자연환경의 조건을 보완하는 것이었다. 비보는 지리비보地理裨補와 동의어로서, 자연환경의 지리적 여건에 인위적·인문적인 사상을 보완하고 주거 환경을 조정·개선함으로써, 이상향을 지표 공간에 구성함을 목적으로 한다. 비보는 역사적 정황과 지역적 조건에 따라 변모해 왔고 다양화되었으며, 그 유형에는 가시적인 것과 비가시적인 것이 있다. 가시적인 비보는 불교적인 것과 풍수적인 것으로 구분할 수 있는데, 전자에는 사寺, 탑塔,

불상佛像, 당간幢竿 등이 포함되고 후자에는 숲, 조산造山, 장승, 못, 상징물象徵物 등이 포함된다. 비가시적인 비보는 지명, 의례, 놀이 등을 포함한다. 한국에서는 이러한 비보적 문화 경관이 취락에 보편적으로 분포한다(최원석, 2004).

비보와 풍수의 개념 비교

비보설은 본질적으로 자연보합적自然補合的 인문 전통이다. 풍수 사상은 상서로운 자연의 영향이 있을 수 있는 장소와 방법을 가르치나 비보 사상은 사람이 능동적으로 자연과 조화된 적합한 삶의 터전을 가꾸는 데 지향점을 두고 있다. 비보는 풍수적 조건을 보완하는 인문적 형태를 일컫는 범주로서, 자연과 문화의 상보적 논리에서 출발한다. 비보론은 풍수론과 결합하여 비보풍수론으로 발전하였다. 비보풍수론은 자연의 가치를 중시하는 기존의 풍수적 전통에 대해 비보의 인문적 가치를 상보적으로 결합시킨 풍수의 발전적 재해석이자 재구성이다.

적정한 비보적 수단과 방책을 동원한다면, 풍수상 흉지凶地라도 길지吉地로 바꿀 수 있다는 것이다. 비보론에서는 사람이 지기地氣의 영향을 동원할 수 있는 조정자로서의 위상을 지닌다. 풍수론의 주요 논리 체계는 명당이 어디인지를 찾는 택지론擇地論이지만, 비보론의 주요 논리 체계는 자연환경과 균형을 이룸으로써 주거적지住居適地로 가꾸는 조경론造景論이다.

대표적인 비보풍수론

비보풍수는 풍수와 비보가 융합한 개념이다. 즉, 비보풍수는 자연 가치를 중시하는 풍수와 자연보합적 인문 가치를 중시하는 비보를 결합하여 재구성한 개념이다. 우리나라의 대표적인 비보풍수론은 용맥龍脈 비보, 장풍藏風 비보, 득수得水 비보, 형국形局 비보 등을 들 수 있다. 그림 6-15~18은 용맥 비보, 장풍 비보, 득수 비보, 형국 비보를 나타낸 것이다(최원석, 2004).

용맥 비보

용맥 비보는 명당을 이루는 용맥의 형세와 기운을 조정하여 적정 상태로 맞추는 것이다. 우묵한 곳에 흙을 채워 메우거나, 흙을 쌓아 산을 만들거나, 혹은 숲을 조성하여 생기를 북돋고 이상적인 상태로 맞춘다. 특히 산기가 쇠퇴하였거나 초목이 없는 황폐한 산[동산(童山)]일 경우는 소나무를 식목하여 생기를 배양한다.

장풍 비보

장풍 비보는 풍수상 장풍적 조건을 보완하는 것이다. 이상적인 지형[복후지지(福厚之地)]은 '사합주고四合周顧'라 하여 주위 사방의 산수가 두루 감싸인 듯해야 한다. 이러한 조건이 충족되지 못한 지형에서는 장풍 비보가 요청되는 것이다. 장풍 비보 역시 주로 숲이나 조산이 활용된다. 즉, 숲을 조성하거나 흙을 쌓아 산을 만들어 장풍적 조건을 보완한다.

득수 비보

득수 비보는 물길(수로)의 흐름을 풍수상 적정한 조건으로 조정하거나 보완하는 것이다. 풍수지리의 득수 조건은 '수회水回'하거나 '수곡水曲'하여야 길하다고 하고, '수직水直'하면 흉하다고 한다. 즉, 물길은 마을을 감싸거나 굽이굽이 흘러야 좋고, 곧게 흘러내리는 것은 좋지 않다는 것이다. 그래서 득수 조건이 흉한 경우, 유로를 둥글게 파서 물길이 주거지를 감돌아 흘러 나가도록 한다거나, 못을 파서 물이 고였다 흐르도록 한다거나, 혹은 숲을 조성하여 곧장 빠져나가는 물을 우회시키는 등의 비보법이 동원된다.

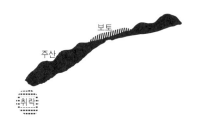

주산(主山)으로 이어지는 함몰
지맥 부위를 보토(補土)하였다.

그림 6-15. 용맥 비보 개념도

취락을 감싸는 좌우의 산세가 부족
하여 각각 숲과 조산으로 비보하였다.

그림 6-16. 장풍 비보 개념도

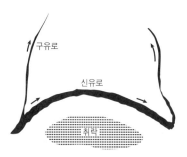

흘러나가는 물길에 수로를 파서 마을을
감돌아 흘러 나가도록 비보하였다.

그림 6-17. 득수 비보 개념도

행주형 지세의 체계를 보완하는
의미로 돛대를 한가운데 조성하였다.

그림 6-18. 형국 비보 개념도

촌락지리학

형국 비보

형국 비보는 지형의 형국 체계에 보합(保合)되는 장치를 하는 비보이다. 예컨대 행주 형국(行舟形局: 나아가는 배의 모양)의 경우, 돛대를 세우거나 앞에 못을 파는 방책이 동원된다. 봉황 형국(鳳凰形局: 전설에 나오는 상서로움을 상징하는 봉황새의 모양)의 경우, 봉황 알을 만들고 오동나무 숲이나 대나무 숲을 가꾸는 방책이 동원된다.

7. 이중환의 『택리지』

청담 이중환의 생애

조선 후기의 대표적 실학자 중의 한 사람이었던 청담(淸潭) 이중환(李重煥, 1690~1756)은 1751년(영조 27년)에 『택리지擇里志』라는 지리서를 저술하였다. 이중환은 성호星湖 이익李瀷의 재종손(再從孫: 사촌 형제의 손자)으로서 그의 학문적 영향을 받고 성장하였다. 성호 이익은 1751년 『택리지』 원고의 내용 가운데 잘못된 것을 바로잡아 고쳐 주었고, 이 책의 서문과 발문을 직접 써주기도 하였다. 이중환은 1713년(숙종 39년)에 증광별시에 급제하여 1717년 김천 도찰방道察訪을 거쳐 1722년 신임사화辛壬士禍 때 병조 좌랑佐郎이 되었다. 이때 이중환은 목호룡睦虎龍이란 사람과 가까이 지냈는데, 그가 정인중 등을 참소하여 노론 일파가 옥에 갇히는 신임사화가 일어났다. 신임사화 때 소론 일파는 정권을 장악하였고 노론 일파는 숙청을 당하였다. 그러나 영조가 즉위한 후, 이 사건의 진상이 밝혀지고 그 무고함이 드러나자 목호령은 물론 이중환까지 화를 당하게 되었다. 이중환은 1725년 2월부터 4월까지 네 차례나 형을 받았으며, 이 듬해 12월에는 섬으로 유배되었다가 그 이듬해 10월에 석방되었으나, 다시 그해 12월에 사헌부의 탄핵을 받아 또 다시 유배되었다. 그 뒤로는 일정한 거처도 없이 떠돌아 다녔다.

이중환의 『택리지』는 현실을 보는 실학자의 탁월한 안목으로 저술된 인문지리서이다. 『택리지』에 담긴 이중환의 해박한 지식은 그의 성장 과정, 관직 경력, 유배 생활, 그 후의 방랑 생활을 통하여 축적된 것이다. 그의 고향인 공주(공주시 장기면)는 삼남 대로상의 교통 요지로서 한양, 내포, 전주, 청주 방면의 육로와 금강 수로가 만나는 결절지로서 충청 감영도 이곳에 입지하였다. 이중환은 이곳에서 성장하면서 서남부 지방의 지리적 정보를 접할 수 있었을 것이다. 소년 시절에는 부친을 따라 강릉까지 여행하면서 여러 지방의 견문을 넓힐 수 있었다. 또한 김천 도찰방을 지내면서도 인근 지역의 주요한 정보를 접했던 것으로 보인다. 그가 『택리지』를 탈고한 팔괘정은 강경(논산시 강경읍)에 있다. 당시 강경은 충청도와 전라도의 접경에 위치하는 상업·교통의 요지였다.

『택리지』의 구성과 내용

『택리지』를 저술할 당시에는 책의 이름이 정해지지 않았으며 뒤에 『팔역지八域誌』, 『팔역복거지八域卜居志』, 『팔역가거지八域可居地』, 『동국산수록東國山水錄』, 『동국총화록東國總貨錄』, 『형가승람形家勝覽』, 『팔도비밀지지八道秘密地誌』 등 여러 이름으로 불렸다. 『택

촌락지리학

리지』라는 이름도 후인들이 그 내용을 보고 붙인 이름인 듯하다. 『택리지』의 내용은 「사민총론四民總論」, 「팔도총론八道總論」, 「복거총론卜居總論」, 「총론總論」의 네 부분으로 구성되어 있다. 「사민총론」에서는 조선이 사농공상士農工商의 4대 계급으로 구성된 사회이지만, 사대부 계급이 주도하는 사회라는 것을 밝혔다. 여기서는 사농공상의 유래, 사대부의 역할과 사명, 국가를 구성하는 백성들의 역할, 그리고 살 만한 곳에 관한 내용을 기록했다. 「팔도총론」은 일종의 지역지리학의 체제를 갖추었는데, 여기서는 나라 전체에 대해 논하고 각 도를 다루었다. 우리나라의 산세와 위치, 팔도의 위치와 역사적 배경, 그리고 도별로 자연환경, 인물, 풍속, 생활권을 파악하여 각 지역의 특색을 종합적으로 지적했다. 또한 지역 구분을 행정구역별로 하지 않고, 생활권 개념 중심의 소지역으로 나타내었다. 「복거총론」은 가거지(可居地: 사람이 살 만한 땅)의 조건과 사례를 기록하였는데, 여기서는 조선 시대 당시의 취락과 거주지의 이상적인 조건 등을 항목별로 제시했다. 「팔도총론」이 지역지리 혹은 지방지地方誌에 해당된다면, 「복거총론」은 인문지리서 총설에 해당한다. 「총론」은 종합편인데, 여기서는 『택리지』가 '사대부가 살 만한 땅'을 기록한 책이라고 밝혔다.

『택리지』의 「복거총론」

『택리지』의 세 번째 구성은 「복거총론」으로 이루어져 있다. 「복거총론」에서는 "대저 살터를 잡는 데에는 첫째, 지리地理가 좋아야 하고, 둘째, 생리生利가 좋아야 하며, 셋째, 인심人心이 좋아야 하고,

넷째, 아름다운 산수山水가 있어야 한다. 이 네 가지에서 하나라도 모자라면 살기 좋은 땅이 아니다. 지리는 비록 좋아도 생리가 모자라면 오래 살 곳이 못되고, 생리가 비록 좋더라도 지리가 나쁘면 또한 오래 살 곳은 못된다. 지리와 생리가 함께 좋으나 인심이 나쁘면 반드시 후회할 일이 있게 되고, 가까운 곳에 소풍할 만한 산수가 없으면 정서를 화창하게 하지 못한다."라고 기록하고 있다. 이와 같이 「복거총론」은 사람이 살 만한 땅(가거지)의 조건과 사례를 기록하고 있다. 사람이 살 만한 곳의 입지 조건으로서 지리, 생리, 인심, 산수의 네 가지 조건을 들고 있다. 그리고 네 가지 조건 중 하나만 없어도 살기 좋은 곳이 못되며 네 가지가 모두 충족되어야 살기 좋은 곳이 된다고 본다.

지리는 자연을 중시한 풍수지리를 말한다. 살기 좋은 곳은 풍수지리적으로 좋은 곳이어야 한다고 본다. 좋은 곳을 살펴보려면 수구를 보고 다음에 들의 형세, 산의 모양, 흙의 빛깔, 조산과 조수를 보아야 한다. 수구는 꼭 닫힌 듯해야 하고 그 안에 들이 펼쳐져야 한다. 들판의 경우에 수구가 닫힌 곳을 찾기 어렵기 때문에 거슬러 흘러드는 물이 있어야 한다. 이 물이 높은 산이나 그늘진 언덕 등을 한 겹이라도 막는 것이 좋으며 다섯 겹이면 매우 좋다. 또한 들은 넓을수록 좋으며 항상 빛이 환하게 비치고 적당한 기후가 나타나는 곳에는 인재가 많이 나오고 병이 적다. 사방이 산으로 막혀서 빛이 적은 곳은 좋지 못하다. 높은 산속이라도 들이 펼쳐진 곳이 좋고, 산맥이 치솟은 형세라야 좋은 곳이다. 토양은 사토로서 굳고 촘촘하여야 좋으며, 붉거나 누런 흙은 좋지 못하다. 그리고 반드시 물이 있어야 한다. 작은 냇물은 역으로 흘러드는 것이 좋으며 큰 강은 역으로 흘러들어 오는 것이 좋지 못하다. 또한 그 모양이 꾸불꾸불하게 길고 멀게 흘러들어 와야 한다.

생리는 토지가 비옥하고 물자의 교역·유통이 유리한 장소를 고려하는 것이다. 생리는 좁은 의미에서는 '땅에서 나는 이익'을 뜻하지만, 넓은 의미에서 모든 경제 활동을 의미한다. 사대부는 조상과 부모를 받들고, 처자와 노비를 거두어야 하므로 재산을 경영하여 살림을 넓히지 않을 수가 없는 것이다. 인간이 한세상 살아가고, 또 죽은 자를 보내는 데에도 모두 재물의 도움이 있어야 한다. 그런데 재물이라는 것이 결코 하늘에서 그냥 내리거나 땅에서 솟아나지 않는 것이다. 사람이 살아갈 터로는 비옥한 땅이 제일이고, 배와 수레와 사람과 물자가 모여 필요한 물건들이 서로 교류되는 곳이 그다음이다. 다시 말해, 땅이 기름져 오곡을 가꾸기에 알맞은 곳이 좋으며 그다음으로는 배와 수레와 사람과 물자가 모여들어서 물물교환을 할 수 있는 곳이 좋은 곳이다.

인심은 이웃 간의 미풍양속 등 인문적 조건에 해당한다. 이중환은 맹자의 어머니가 아들의 공부를 위해 세 번이나 이사한 것을 예로 들면서 환경의 중요성을 이야기한다. 아무리 지리적으로 좋고 경제적 이익을 취할 수 있는 곳이라도 그곳의 풍속이 좋지 못하다면 그곳에 거주하면서 점차 좋지 못한 방향으로 나아갈 수 있다. 그렇기에 인심은 살기 좋은 곳의 한 조건이 된다.

산수는 산과 강을 말하는 데, 실제적으로는 산천의 아름다움과 지형, 토양, 기후 등 자연적 조건을 말한다. 산수는 정신을 즐겁게 하고 감정을 화창하게 한다. 만약 아름다운 산수가 없으면 사람들이 거칠어진다. 따라서 사대부들은 산수가 좋은 곳에 살아야만 한다. 하지만 산수가 좋은 곳은 생리가 좋지 못한 곳이 많다. 그렇기에 토양이 비옥하고 넓은 들이 있으면서도 경치가 아름다운 곳이 살기 좋은 곳이다.

촌락의 형태와 촌락의 구조를 다른 개념으로 파악하는 경우도 있다. 이 경우 촌락의 형태는 촌락을 구성하는 가옥의 배열 상태나 밀집도, 혹은 촌락 전체의 기하학적 모양을 말한다. 그리고 촌락의 구조는 촌락 내부의 각 공간들 즉 생활 공간, 생산 공간, 상징 공간 등의 짜임새를 말하며, 이것은 자연환경을 배경으로 주민들의 생활양식, 사상 등이 조합되어 형성된 것이다.

이 장에서는 촌락의 형태와 촌락의 구조를 서로 다른 개념으로 구별하지 않고 동일한 개념으로 파악한다. 촌락의 형태(구조)는 촌락이 자리 잡은 장소의 자연적·역사적 배경이나 사회적·경제적·문화적 환경에 따라 달라진다. 그리고 촌락의 형태(구조)는 시간의 흐름에 따라 가구의 유입과 이출, 혹은 분가 등을 통해 계속 변화한다. 촌락의 형태(구조)는 크게 두 가지 관점에서 분류되고 있다. 그 하나는 촌락의 구성단위인 가옥 및 택지의 집합도에 의한 분류인데, 이러한 분류는 프랑스 지리학자들(Vidal de la Blache, Albert Demangeon, Jean Brunhes 등)이 주로 사용한 것이다. 또 하나는 촌락 그 자체의 평면 형태에 의한 분류인데, 이러한 분류는 독일 지리학 자들이 주로 시도한 것이다.

1. 집합도에 의한 촌락 형태 분류

집촌과 산촌의 발생적 관계

촌락 형태는 촌락의 구성단위인 가옥 및 대지의 집합도, 즉 밀도 에 의해 집촌(集村, agglomerated settlement)과 산촌(散村, dispersed settlement)으로 구분된다. 집촌은 특정 장소에 가옥이 밀집하여 집 단을 이루는 촌락이다. 즉, 가옥의 밀도가 높은 촌락이다. 반면에 산촌은 개개의 가옥이 분산되어 있거나 고립되어 있는 촌락이다. 산촌의 가옥은 집단을 이루지 않고 그 밀도가 낮으며, 가옥 상호 간 에 어느 정도의 거리를 가지고 산재하는 것이 특징이다.

인간은 처음에 정착하여 생활하지 않고 채집자 혹은 수집자로서 떠돌아 다녔을 것이지만, 농경 시작 이전에도 모든 인간들이 아주 넓은 영역을 이동하지는 않았을 것이다. 일부 패총貝塚의 규모는 물 고기나 조개를 잡기에 좋은 위치에 인간들이 어느 정도 정착 생활 을 했었음을 암시해 준다. 정착 생활은 이미 구석기 시대에 여러 지 역에서 시작되었을 것이지만, 일반적으로 정주定住 촌락은 농경의 시작과 더불어 나타났다고 본다. 원시 농경 사회에서는 혈족 관계가 중시되고 외적을 방어하고 안전을 보장하는 데는 집단생활을 하는 것이 가장 유리했기 때문에 대체로 집촌을 형성했다고 볼 수 있다.

촌락의 기능에 따라 가옥의 집합도가 다르게 나타난다. 목축 사회의 경우, 안전이 보장된다면 개별 가옥이 산재하는 것이 유리하다. 상업적 농업 경영 시대에 들어와서는 복합적 경지 이용에 불편을 느끼게 되어 산촌의 형성이 촉진되었다. 우리나라의 경우, 논농사 지역에서는 집촌이 형성되기 쉽고, 밭농사 지역에서는 비교적 산촌이 형성되기 쉽다. 논농사와 밭농사는 노동력 동원 체계가 각각 다르기 때문에 촌락 형태도 다르게 나타나는 것이다.

집촌의 형성과 그 요인

촌락을 순우리말로 마을이라고 부르는데, 촌락 또는 마을이란 원래 집촌을 가리킨다. 집촌은 어떤 장소에 가옥이 집합하여 하나의 집단을 형성하고, 주거와 경지는 각각 떨어져서 모여 있는 것이다. 집촌은 경지가 연속해 있어서 경작하기 쉬운 곳, 산록, 해변, 주요 가로변이나 수로 변에 주로 성립한다. 우리나라는 논농사 중심의 사회이고, 동족촌이 많으며, 배산임수의 풍수 사상이 강해서 집촌 형태가 지배적으로 많다. 집촌의 경우 학교, 작업장, 창고 등과 같은 공공시설을 계획하고 배치하는 데 편리하다. 그러나 경작지가 촌락에서 멀리 떨어져 있어 불편하다. 특히 경지 규모가 클수록 경작지는 멀어진다.

집약적인 토지 이용으로 많은 인력이 필요하고 농업 생산 활동에서 공동 작업(협동)이 필요한 지역에는 예외 없이 집촌이 형성된다.

우리나라를 비롯한 아시아의 논농사 지역에서는 집약적인 토지 이용으로 많은 인력이 필요하고, 또한 수리, 관개, 배수, 경작, 수확 등의 공동 작업이 필요하기 때문에 집촌이 발달하였다. 우리나라 동족촌의 경우와 같이, 혈연적 결합에 의해서 집촌을 형성하고 공동 작업을 수행하는 경우도 있다.

용수와 지형의 제약으로 집촌이 형성되기도 한다. 용수가 부족한 지역에서는 용수 취득이 쉬운 곳에 가옥과 경지가 밀집되어 집촌이 형성된다. 사막 지역의 오아시스 촌락과 제주도 해안 용천대의 촌락이 대표적인 사례이다.

산촌의 형성과 그 요인

산촌의 경우 가옥이 집단을 이루지 않고 서로 어느 정도 거리를 두고 흩어져 있다. 산촌의 유형에는 개개의 가옥이 완전히 고립되어 있는 고립 농가와 몇 채의 가옥이 집합해서 한 단위를 형성하여 산재하는 소촌小村 등이 있다. 산촌에도 자연발생적 촌락과 계획적 촌락이 있다. 산촌의 경우 경지가 농가의 주위에 집중되어 있으므로 작업하기가 편리하고 관리가 용이하다. 특히 대농장의 경우에 노동 생산성이 높다. 그러나 상하수도 등의 공공시설을 설치하는 데 불편하고, 흩어져 있는 농가를 도로로 연결하는 데에도 비용이 많이 든다. 또한 촌락 전체의 중심이 없고, 촌락의 사회적 결합이 약하거나 공동체적인 활동이 결여되어 있다.

산촌은 미국, 아르헨티나, 오스트레일리아, 뉴질랜드 등의 개척 지역이나 상업 농업 지역에 널리 분포한다. 이러한 지역에서는 대규모의 농업을 합리적으로 경영하기 위해 농장의 중심에 농장주의 가옥, 곡물 저장 창고, 농기구 창고 등이 위치한다. 그래서 가옥 사이의 거리가 상당히 멀어 전형적인 산촌이 형성된다.

　우리나라의 경우 산촌은 극히 드물게 찾아볼 수 있다. 남한의 대표적 산촌은 태백산맥이나 소백산맥의 산악 지방, 충남의 태안반도와 서산 지방, 제주도를 비롯한 과수원 지대 등에 분포한다. 태백산맥이나 소백산맥의 산악 지방에는 농경지가 분산되어 있어서 산촌이 형성되기 쉽다. 산악 지방에 화전민이 많았던 것도 산촌이 발달한 원인이 되었다. 충남의 태안반도와 서산 지방에 산촌이 많은 이유는 뒤의 참고에서 상술한다. 상업적인 과수 재배가 이루어지는 과수원 지대에도 일반적으로 산촌이 나타난다. 과수원 지대는 소유 경지의 면적이 매우 넓고 경작의 편의상 농가가 그 중앙부에 위치하게 되어 전형적인 산촌이 형성된다. 제주도 서귀포 일대의 감귤 재배 지역, 경상북도 북부 지방의 사과 재배 지역 등의 과수원 지대에는 전형적인 산촌이 나타난다.

:: 참고　화전 경작

화전火田이란 해발고도가 비교적 높은 산간 지방에서 경사가 완만한 사면을 골라 나무와 풀을 베어 말리고 불을 지른 다음에 지면을 간단히 정리해서 감자, 옥수수, 조, 메밀 등을 재배하던 밭을 가리킨다. 처음에는 불태운 초목의 재가 거름이 된다. 거름주기를 하지 않으므로 몇 년 후에는 지력地力이 상실되어 새로운 곳으로 이동해야 한다. 그러므로 화전 경작은 삼림을 불태워 3~4년 동안 경작하는 것이다. 화전을 일구어 농사짓는 사람을 화전민이라 한다.

우리나라에서 화전 경작은 삼림이 무성하고 소유권 행사가 소홀한 산간에 국한하여 성립될 수 있었다. 그러므로 화전 경작은 산악 지방에 주로 분포하였다. 화전 취락은 개마고원 일대, 낭림산맥, 태백산맥, 소백산맥을 중심으로 하는 산악 지방에 많이 분포하였다. 남부 지방보다는 북부 지방에서, 서부 지방보다는 동부 지방에서 화전 경작이 집중적으로 분포하였다. 광복 이후에도 강원도 산간 지방에 화전이 널리 분포하였다. 평지의 숙전熟田 지대에 상주하면서 산지의 화전을 확보해 놓고 그곳에 농막을 지어 농번기에 출경出耕하는 농가도 출현하였다.

화전 경작은 삼림 황폐와 토양 침식의 주된 원인으로 지적되기도 하였다. 이에 따라 광복 이후부터는 화전민의 이주 정착 사업을 시행하였다. 정부는 화전정리법(1966)을 제정하고 화전 정리 5개년 계획(1974~1978)을 수립하여 경사도가 20° 이상의 경사지는 삼림으로 복구하고, 그 이하의 화전은 경지로 취급하기로 하였다. 경사지를 계단식 농지로 전환시키기도 하였다. 오늘날 화전 경작은 거의 찾아볼 수 없으며, 현재 고랭지 채소 재배에 이용되는 밭 중에는 화전으로 개간된 것이 많다.

화전 경작은 원시적인 농법이기 때문에 유럽을 비롯한 선진 농업 지역에서는 거의 소멸되었으나, 아프리카, 동남아시아, 남아메리카 등에서는 현재도 흔히 찾아볼 수 있다. 이런 열대 지방의 화전 농업은 우리나라의 화전 농업과 구별하여 화경 농업(火耕農業, slash-and-burn agriculture) 혹은 이동식 농업(移動式農業, shifting agriculture)이라고도 부른다. 열대 지방 화전의 경우, 도끼나 만도로 숲과 관목을 벌채해서 불을 질러, 재를 거름으로 이용하며, 굴봉 등 원시적 농기구를 이용하고, 가족 단위의 노동력을 이용하며, 대체로 1~3년 동안 경작하고, 자연 식생으로 5~20년 동안 복원되면 재이용한다. 세계 각 지역의 화전 농업은 그 개간 방법,

촌락지리학

재배 작물과 재배 방법, 휴한 방법, 휴한 기간 등의 측면에서 볼 때, 매우 다양한 편이다.

:: 참고   **충남의 태안반도와 서산 지방의 산촌**

충남의 태안반도와 서산 지방에는 고도 100~300m의 낮은 구릉성 산지가 분포하여 그 사이에 폭이 좁은 곡저지谷低地와 완사면, 구릉지들이 전개될 뿐 하천과 충적평야의 발달은 아주 미약하다. 충남의 태안반도와 서산 지방에는 우리나라의 대표적인 산촌이 나타나는데, 이 지역에 산촌이 나타나는 이유를 다음과 같이 설명할 수 있다.

① 물과의 관계: 곡저에서는 지하수면이 얕아 우물을 파기 쉽다. 우물이 산재하기 때문에 산발적인 주거가 가능하다. 1970년 서산군 보건소 조사 통계에 따르면, 서산군 전체에서 3가구당 우물 1개소를 확보하고 있는 것으로 나타난다. 이전 시기에는 1~2가구당 하나 이상의 우물을 확보하고 있었을 것으로 추정할 수 있다. 따라서 굳이 물을 찾아서 가옥들이 집촌을 형성할 필요가 없었음을 알 수 있다.

② 밭농사 지대: 구릉지에서는 지표수가 부족하기 때문에 밭농사가 발달하였다. 논농사에 비해 밭농사는 공동 작업(협동)의 필요성이 크지 않다. 따라서 밭으로의 토지 이용이 산촌형의 취락 발달을 가져왔다.

③ 분가의 양식: 자식들이 분가分家할 때 자기 소유의 밭에 집을 짓되 남의 집에 근접하지 않도록 하는 풍습이 있다고 한다. 이러한 풍습도 산촌의 발달에 한 요인으로 작용하였다.

④ 해풍의 피해: 해풍을 피하기 위해서는 가옥이 구릉성 산지에 입지하는 것보다는 곡저지에 입지하는 것이 좋다. 그런데 낮은 구릉성 산지 사이에 좁은 곡저지가 분산되어 발달하였기 때문에 가옥들이 산재하

여 입지하게 되었다.

2. 평면 형태에 의한 촌락 형태 분류

촌락의 평면 형태는 주로 지형도에 나타난 기하학적 형태를 말한다. 집촌은 가옥, 도로, 경지, 부속 시설 등의 여러 요소가 어떻게 지표 상에 배열되고 배치되어 있느냐에 따라 다음과 같이 구분된다.

괴촌

괴촌塊村은 촌락을 구성하는 기본 요소인 가옥, 도로, 경지 등이 무질서하고 불규칙하게 군집된 자연발생적 촌락이다. 괴촌의 평면 형태에서는 계획적인 면모를 찾아볼 수 없다. 아시아의 벼농사 지역(우리나라의 전통적인 농업 지역 포함)에서는 보편적으로 괴촌의 형태를 이루는 촌락이 많다.

우리나라는 산이 많으며, 대부분의 촌락은 산기슭에 자리한다. 산기슭 중에서도 촌락은 땅이 우묵하게 파인 '골'에 많이 들어섰다. 집촌의 대부분이 괴촌인 까닭은 오랜 세월에 걸쳐 땅의 생김새에 맞추어 가옥이 한 채씩 들어섰기 때문이다. 이런 입장에서 본다면, 괴촌은 주변의 지형 또는 자연과 조화를 이루고 있다고 하겠다.

열촌

주로 도로와 수로, 범람원과 삼각주의 인공제방, 선상지 선단의 용천대, 해안단구면이나 하안단구면 등에 가옥이 일렬로 배치되어 열상列狀의 촌락이 형성되는데, 이러한 형태의 촌락을 열촌列村 혹은 열상촌列狀村이라 한다. 열촌은 도로와 수로 혹은 지형적인 제약으로 인해 가옥이 열상으로 길게 배열되고 농가의 배후에 경지가 길게 배치되는 것이 특징이다.

자연제방의 촌락이 흔히 열촌이라고 소개되기도 하지만, 우리나라의 자연제방에 들어선 촌락들은 대부분이 괴촌이다. 자연제방은 하천에서 멀리 떨어진 배후습지보다 고도가 약간 높을 뿐 인공제방과는 달리 넓고 평평하여 가옥이 일렬로 배치될 이유가 없다. 자연제방은 홍수가 일어날 때 물에 잠기기 쉽다. 그래서 한강 하류의 한강변 자연제방 촌락에서는 홍수가 일어날 때 대피하기 위한 돈대를 만들어 두기도 하였다.

노촌과 가촌

노촌路村과 가촌街村은 하나의 도로를 따라서 가옥이 길게 배열되어 나타나는 열촌列村이지만, 서로 구분되는 촌락이다. 노촌은 도로에 대한 의존도가 매우 낮고 주로 토지 경제에 기반을 둔 농업적인 기능을 갖는 촌락이고, 가촌은 도로에 대한 의존도가 크고 상업경제에 기반을 둔 촌락이다. 소규모의 지방 도로 연변에 나타나는 농업적 촌락은 노촌에 해당하고, 비교적 큰 도로나 여러 지역을 결합하는 교통의 요지에 선상線狀으로 배열되어 있는 촌락은 가촌에 해당한다. 가촌은 주로 관광 기능이나 상업 기능이 큰 도로변을 따라 형성되거나 교통의 요지인 사거리나 삼거리 등에 형성되는 경우가 많다.

환촌

환촌環村은 원형 또는 타원형의 광장을 중심으로 그 주위에 가옥과 부속 시설이 환상環狀으로 배열되어 이루어진 촌락이다. 광장 내에는 주민의 공동 생활 터인 교회, 우물, 집회소 등이 있고, 광장 주변에는 농경지, 초지, 임야 등이 방사상으로 배열되어 있다. 환촌은 주로 가축 사육과 외적의 방어와 관련하여 형성된 것이다.

남부 아프리카 초원 지역에는 관목과 풀을 이용하여 만든 원추형의 오두막집들이 중앙에 위치하는 촌장의 집을 중심으로 환상으로 배열되어 있는데, 이를 크랄(kraal 또는 craal 또는 kraul) 촌이라고 한다. 크랄 촌의 중앙에는 여러 개의 가축우리가 배치되어 야간에는 목장의 역할을 수행하는 것이 특징이다. 남부 아프리카에 살고 있는 유럽인들은 식민지 시대부터 남아프리카 공화국 남동부에 살고 있는 원주민들(Nguni-speaking peoples)의 환상 농장 전체를 크랄이라고 불렀고, 인류학자들은 남부 아프리카 원주민들의 농장 내부에 있는 가축우리를 크랄이라고 불렀다. 오늘날에는 방어용 목적으로 만든 가축우리를 흔히 크랄이라고 부르기도 한다.

3. 가옥

가옥의 중요성

가옥은 촌락의 본질적 일부분이다. 즉, 가옥은 촌락의 중요한 구성 단위이다. 영어의 '셸터(shelter)'는 피난처 혹은 주택으로 번역된다. 모든 인간은 잠을 잘 수 있고 비바람, 맹수, 외적으로부터 피할 수 있는 피난처 혹은 주택이 필요하다. 또한 가옥은 어느 정도의 안락한 생활을 보장하고, 재산 보관의 기능도 맡는다.

가옥의 재료

건축 재료와 그 지방 자연환경과의 관계는 밀접하다. 일반적으로 볼 때, 사람들은 가장 가까운 곳에서 구할 수 있는 재료를 그들의 가옥 건축 재료로 사용하는 경향이 있다. 고대일수록 또한 미개인일수록 자연물을 사용하는 것이 원칙이다. 가옥의 재료에는 목재, 석재, 벽돌, 흙, 콘크리트, 풀, 나뭇잎, 나무껍질, 대나무, 베布, 털가죽毛皮 등이 있다. 막대기, 대나무, 나무껍질, 나뭇잎 혹은 이와 유사한 재료로 만든 가옥을 '워틀(wattle)'이라고 한다. 우리나라에서는 지붕의 재료로 볏짚, 갈대, 조, 밀짚, 판자, 목피, 석판석石版石, 함석, 시멘트, 기와, 슬레이트 등이 사용되어 왔다.

오늘날에는 교통의 발달로 인하여 건축 재료의 운반이 용이해져 지방적 건축 재료에 대한 의존도가 낮아지고 있다. 콘크리트, 유리, 금속판 등과 같이 대량으로 생산된 재료가 널리 사용되고 있다. 따라서 오늘날 각 국가의 도시 건물 형태는 기후, 문화유산의 지역적 차이에도 불구하고 점점 더 공통성을 갖게 되었다.

4. 우리나라의 민가 형태

형태 분류 : 평면형

한국 전통 가옥의 평면형平面形은 다양하나, 장방형, 평행형, 'ㄱ'자형, 'ㄷ'자형, 'ㅁ'자형의 다섯 종류로 나눌 수 있다. 평면형 형태는 지형의 제약을 받는다. 산지에서는 평행형과 'ㄱ'자형이 많고, 평지에서는 'ㅁ'자형이 많으며, 해변에서는 평행형이 많다. 가옥에는 몸채(안채) 이외에 헛간, 마구간, 광, 변소 등의 부속 건물이 있고, 이들의 배치 즉 평면도는 지방에 따라 상이하다.

한국의 민가는 대들보 아래에 방을 한 줄로 배치한 홑집형 민가[단열형 민가(單列型民家), 편통식 민가(片通式民家)]와 방을 두 줄로 배치한 겹집형 민가[복열형 민가(複列型民家), 양통식 민가(兩通式民家)]가 있다. 홑집형 민가는 대부분의 중국 한족의 민가가 홑집형 민가라는 점에서 한족 민가와 공통점을 갖고 있고, 겹집형 민가는 평면과 기능에 있어서 일본 민가와 공통점을 갖고 있다. 한국의 전통 민가 연구에 가장 크게 공헌한 지리학자는 장보웅이다. 그는 일생을 한국의 전통 민가 연구에 바쳐서 괄목할 만한 연구 업적을 이룩하였다. 그림 7-1은 장보웅이 제시한 한국의 전통 민가 분포도이다(장보웅, 1996).

촌락지리학

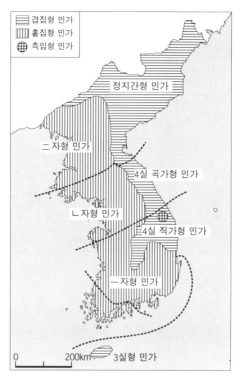

┌─────────────────┐
│▤ 겹집형 민가   │
│▥ 홑집형 민가   │
│⊕ 측입형 민가   │
└─────────────────┘

정지간형 민가

二 자형 민가

4실 곡가형 민가

ㄴ 자형 민가

4실 직가형 민가

一 자형 민가

0   200km   3실형 민가

그림 7-1. 우리나라의 민가 분류

홑집형 민가(단열형 민가, 편통식 민가)

대들보 아래에 방을 일렬로 배치한 홑집형 민가는 한반도의 서부
와 남부에 분포한다. 한반도의 서부와 남부는 산악이 비교적 적고
평야가 많은 지역으로서 곡창 지대에 해당한다. 홑집형 민가는 햇
빛을 잘 받을 수 있는 장점이 있다.

홑집형 민가는 직가형 민가直家型民家와 곡가형 민가曲家型民家로
크게 분류할 수 있다. 직가형 민가는 '一' 자형이 기본형이고, '一'
자형의 몸채에 별동의 부속 건물이 부가되어 '二' 자형, 'ㄱ'자형,

'ㄷ'자형, 'ㅁ'자형 등의 변형이 형성되었다. 곡가형 민가는 'ㄱ' 자형이 기본형이며, 여기에도 'ㄷ'자형, 'ㅁ'자형, 'ㄴ'자형 등의 변형이 형성되었다.

일반적으로 대부분의 중국 한족의 민가는 홑집형 민가라는 점에서 한국의 홑집형 민가와 공통점을 갖고 있지만 다른 점도 많다. 중국 한족의 민가는 정면이 중앙의 주간柱間을 중심으로 해서 좌우 대칭의 형식을 취하고, 측면은 비대칭형의 외관을 나타낸다. 그러나 한국의 민가는 대부분 비대칭형 평면의 배치로 되어 있어서 중국 한족의 민가와 크게 다르다.

겹집형 민가(복렬형 민가, 양통식 민가)

대들보 아래에 방을 이열로 배치한 겹집형 민가는 한반도의 동북 지방에 분포한다. 즉 관북 지방(현재 함경남도, 함경북도, 양강도), 평안북도 압록강 연안의 산지(현재 자강도), 강원도 동부의 태백산맥 양사면, 경상북도 중부 지방까지 분포하고 있다. 이는 대체로 과거의 화전 경작 지대와 일치한다. 겹집형 민가에서는 외양간이 주방(부엌) 안에 있거나 혹은 연접되어 있다. 이러한 배치는 추운 겨울에 우마牛馬를 따뜻하게 해주고 우마 관리를 편리하게 해준다.

겹집형 민가는 몸채의 평면 구성에 의하여 정지간형 민가, 사실형四室型 민가, 삼실형三室型 민가, 측입형側入型 민가 등으로 세분할 수 있다. 함경도 지방의 정지간형 민가, 제주도의 삼실형 민가, 그리고 태백산맥의 측입형 민가에 대해 다음에서 좀 더 세밀하게 고찰해 보고자 한다.

정지간형 민가

정지간형 민가는 관북 지방(한반도의 동북 지방: 함경남도와 함경북도)
에 주로 분포한다. 부엌과 방 사이에 넓은 온돌방인 정지간이 있는
데, 정지간과 부엌 사이에는 벽이 없다(그림 7-2). 정지간은 부엌에
연결된 방이기 때문에 가장 따뜻한 방이 된다. 겨울에는 침실로도
사용되고, 평상시에는 식당으로도 사용되며, 주부의 친구들을 접대
하는 공간으로도 사용된다. 정지간에 접속되는 방의 부분은 경제력
의 차이 또는 시대에 따라 2실, 4실, 6실이 부가된 형으로 세분되지
만, 관북 지방에는 4실이 부가된 형태가 가장 많이 분포한다(장보웅,
1996: 111~114).

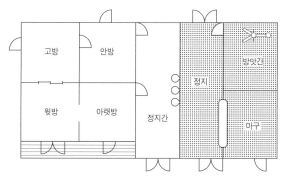

그림 7-2 정지간형 민가

삼실형 민가

삼실형 민가는 제주도에 분포한다. 3실의 3칸 형이 제주도의 표
준형 내지 기본형이라 할 수 있을 정도로 제주도에서 가장 많이 분
포한다. 삼실형의 기본 형태는 정지(부엌), 고팡(고방), 구둘(구돌, 온돌
방), 상방 등으로 구성된다(그림 7-3). 정지는 취사, 작업, 저장 등의

기능을 수행하는 공간인데, 취사할 때의 열을 이용하여 방의 난방을 하지 않는다는 점에서 제주도 삼실형 민가의 정지는 다른 지방의 정지 혹은 부엌과 그 기능이 다르다. 상방은 삼실형 민가의 중앙에 위치하는 공간인데, 상방은 판자를 깐 판상으로 되어 있으나 판자를 깔지 않은 경우도 있다. 상방은 식사를 하거나 접객接客의 장소, 여름철의 침소寢所, 제사를 지내는 장소 등으로 이용된다. 제주도에서는 온돌의 설비가 있는 방은 구둘이라 하고 온돌의 설비가 없는 방은 고팡이라고 부른다. 제주도의 온돌은 다른 지방의 온돌에 비해 잘 발달하지 않았다. 온돌의 중앙에 넓은 고래가 위치하고 그 양 옆으로 4~5개의 작은 고래가 위치하는데, 아궁이에서 중앙 고래에 마른 말똥[마분(馬糞)]이나 소똥[우분(牛糞)] 등을 깊숙이 밀어 넣어 불을 붙인 다음에 돌로 막아 두면 밤새 연소되어 구둘을 적당히 데워 준다. 고팡은 곡류나 두류 등을 담은 항아리를 넣어두는 방인데, 1~2개의 창문이 있고 판자를 깐 판상으로 된 경우도 있다(장보웅, 1996: 117~120).

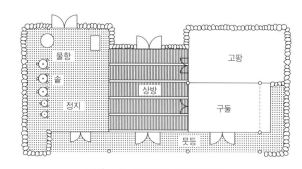

그림 7-3. 제주도의 삼실형 민가

측입형 민가

측입형側入型 민가는 전면이 지붕의 용마루와 수직으로 된 민가이다. 측입형 민가는 안방, 사랑방, 도장방, 샛방, 정지, 마루, 마구 등으로 구성된다(그림 7-4). 측입형 민가는 강원도 삼척시 도계읍 신리와 삼척시 원덕면 동활리에 분포한다. 과거에는 넓은 지역에 분포하였으나, 사실형의 전래로 점차 잠식되어 지금은 몇 호가 화석으로 잔존하고 있을 뿐이다. 정지간형 민가와 사실형 민가에는 마루방이 없는 것이 일반적인데, 측입형 민가에는 중앙에 마루가 있다.

측입형 민가의 안방은 부인과 연소한 자녀가 기거하는 방인데, 마당에서 보이지 않는 뒤쪽에 위치한다. 사랑방은 주인이 기거하며, 또한 손님을 접대하는 공간이다. 도장방은 곡물을 수장하는 공간인데, 이 방에는 안방에서 통하는 문만 있을 뿐 다른 외부에서 통하는 문은 없다. 샛방은 자녀들이 기거하는 방이다. 정지는 본래 취

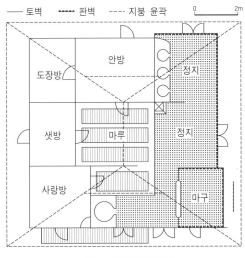

그림 7-4. 측입형 민가

사 기능을 수행하는 공간이지만, 비나 눈이 올 때는 작업 공간으로 이용되기도 하고 땔나무와 농작물을 보관하는 공간으로 이용되기도 한다. 마루는 식사나 작업을 하는 공간인데, 여름에는 거실의 기능을 수행하고 겨울에는 곡물 및 기타 가재를 쌓아 두는 공간으로 이용된다. 마구는 외양간을 말하는데, 정지에 바로 붙어 위치한다 (장보웅, 1996: 120~123).

형태 분류: 입면형

가옥의 입면형立面形 중에서는 지붕의 형상과 경사, 벽壁의 재료와 구조, 창窓이나 문門의 형태, 마루의 크기와 높이, 담(담장)이나 울타리 등이 있는데, 이 중에서 가장 흔히 다루는 것은 지붕이다. 우리나라의 전통적인 지붕 구조에는 박공博拱지붕(맞배지붕), 우진각지붕, 합각合閣지붕(팔작지붕)이 있다(그림 7-5).

박공지붕(맞배지붕)

박공지붕(맞배지붕)은 지붕의 용마루에서 앞뒤 양면으로 기울고, 용마루와 처마가 일직선이고 동일한 길이를 갖는다. 박공지붕의 평면 형태는 직사각형이고, 긴 변의 양쪽으로 기울기가 같은 경사를 이룬다. 광, 마구간, 화장실 등의 오두막집에서 많이 사용된다.

우진각지붕

지붕의 용마루에서 사방으로 기울고, 용마루보다 처마의 길이가 길다. 앞뒤 지붕면은 사다리꼴을 이루고 측면은 삼각형을 이룬다.

박공지붕(맞배지붕)

우진각지붕

합각지붕(팔작지붕)

그림 7-5. 한국 민가의 지붕 형태

우리나라에 가장 널리 분포하는 지붕 유형이다. 특히 초가지붕 가옥 중에 우진각지붕을 가진 것이 많다. 그러나 궁궐이나 관아 등 공공건물에서는 우진각지붕을 찾아보기 어렵다.

합각지붕(팔작지붕)

합각지붕(팔작지붕)은 우진각지붕의 윗부분을 잘라내고 그 위에 박공지붕을 얹어 놓은 형태의 지붕이다. 지붕면의 정면은 사다리꼴에 직사각형을 올려놓은 모양이고, 옆면은 사다리꼴에 삼각형을 올려놓은 모양이다. 용마루, 내림마루, 추녀마루가 모두 갖추어진 가장 화려하고 장식적인 지붕이다(그림 7-6). 우리나라에서는 궁궐, 부농, 사찰 등에서 합각지붕을 많이 볼 수 있다.

그림 7-6. 합각지붕의 용마루, 내림마루, 추녀마루

5. 우리나라의 독특한 민가

울릉도의 우데기

우데기는 눈이 많이 내리는 울릉도에서 처마 밑에 만들어 둔 일
종의 방설벽防雪壁 설비이다(그림 7-7). 우데기는 방설防雪 기능뿐만
아니라 방우防雨, 방풍防風, 차양遮陽의 기능을 수행한다. 지붕 처마
의 바로 안쪽에 여러 개의 기둥을 세우고, 새[억새풀, 모(茅)]나 싸리
혹은 옥수숫대, 수숫대 혹은 판자, 함석, 비닐 등으로 출입구를 제
외하고 집을 둘러막은 것이 우데기이다. 방의 투방벽은 내벽에 해
당하고 우데기는 외벽에 해당한다. 방벽과 우데기 사이의 폭
0.7~1.6m의 공간을 '축담'이라고 한다. 축담을 통해서 우데기로
둘러싸인 집 안을 한 바퀴 돌 수 있다. 이 축담은 눈이 내려 쌓인 경

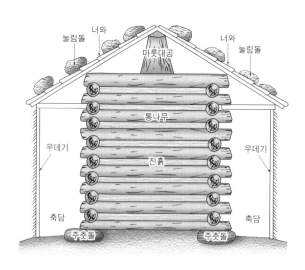

그림 7-7. 울릉도의 우데기, 투방집(누목식 민가) 단면도

우에 작업과 저장 공간으로 활용된다. 우데기를 친 출입구에는 새나 옥수숫대로 만든 '꺼지렁문(거적문)'을 단다.

오늘날 전형적인 우데기는 나리분지에 비교적 잘 남아 있다. 도동과 저동처럼 많은 가옥이 밀집된 지역에서는 우데기가 변형되거나 축소된 경우가 많다. 개조된 가옥에서는 알루미늄 새시(aluminum sash)와 유리문이 전통적인 우데기를 대신하고 있다. 울릉도 이외의 지역에서도 우데기와 유사한 설비를 갖춘 가옥들이 많이 발견된다. 서해안 간척지의 가옥에서도 우데기와 유사한 설비를 볼 수 있다. 서해안의 광활한 간척지는 겨울철에 서해를 건너오는 차가운 북서 계절풍을 막아 줄 배후 산지가 없기 때문에 우데기와 같은 설비를 갖춘 것으로 보인다(장보웅, 1996: 176~178).

투방집(누목식 민가)

투방집 혹은 누목식累木式 민가는 통나무를 우물 정井자 모양으로 쌓아 벽을 만들어 지은 집이다. 투방집은 지방에 따라서 귀틀집, 투막집, 방틀집, 틀목집, 목채집, 말집 등으로도 부른다. 투방집의 역사는 매우 오래 되었다. 3세기의 『삼국지』「위지동이전」변진조에서는 "나무를 옆으로 쌓아 올려 집을 짓는데 모양은 감옥을 닮았다."라고 기록되어 있다. 나무와 나무 사이가 엇물리는 네 귀가 잘 들어맞도록 도끼로 아귀를 지어 놓으며 나무 사이에는 진흙을 메워 바람이 들지 않게 한다. 천장에는 한쪽을 판판하게 깎은 나무 여러 개를 걸고 널쪽을 촘촘하게 깐 다음 역시 진흙으로 덮는다. 투방집은 동유럽에서 중앙아시아를 거쳐 북아메리카 대륙의 원주민 거주

지역에 이르기까지 널리 퍼져 있다.

너와집

너와집은 너와(나무조각, 나무토막, 널조각)로 지붕을 덮은 집이다(그림 7-8). 강원도에서는 너와집을 느에집 혹은 능에집이라고도 한다. 너와는 참나무, 붉은 소나무 등으로 만든다. 울릉도에서는 고로쇠나무, 행정피(횡경피)나무, 솔송나무에서 너와를 많이 뗐다고 한다. 너와는 나무토막을 세로로 세워 놓고 쐐기를 박아 쳐서 잘라 낸 널쪽이다. 나무 널(板)과 같이 생긴 기와라는 뜻에서 '널와瓦'라고 불렀다. 너와의 크기는 일정하지 않으나, 가로 20~40cm, 세로 40~80cm이며 두께는 4~5cm이다. 너와를 뗄 때는 반드시 도끼(혹은 쐐기)를 사용하여 나무를 잘라야지 톱이나 기계로 켜면 안 된다.

너와를 지붕에 덮을 때는 처마 끝에서부터 용마루 쪽까지 끝을 조금씩 물려 나가며 너와를 가로 놓고 촘촘하게 붙여 나간다. 너와를 덮은 다음에는 못을 사용하지 않고 군데군데 냇돌[역석(礫石), 누름돌]이나 너시래(너시새: 너와를 누르기 위해 올려놓는 긴 통나무)를 올려놓는다. 냇돌이나 너시래는 너와가 미끄러지거나 바람에 날리는 것을 막아 준다.

너와의 수명은 5~8년이며 기와지붕을 수리할 때처럼 필요에 따라 썩은 것을 들어내고 새 것으로 갈아 끼운다. 너와집은 투방집처럼 화전민이나 산간 지대의 주민들이 짓고 사는 집으로서 개마고원을 중심으로 함경도, 평안도, 강원도, 경북 북부, 울릉도 등의 산간지방에 분포하였는데, 오늘날에는 거의 자취를 감추었다. 강원도

그림 7-8. 너와집의 전경

삼척시 도계읍 신리에는 너와집 3채가 중요민속자료(제33호)로 지정되어 있다.

돌너와집

돌너와집은 널판 너와집에 상응하는 용어로서 점판암으로 지붕을 얹은 한국의 전통 가옥이다(그림 7-9). 돌너와집은 과거에는 태백산맥과 소백산맥과 같은 산악 지대에 널리 분포하였으나 오늘날에는 극히 일부 지역에서만 볼 수 있다. 돌너와집은 청석집, 돌기와집, 돌능에집, 돌느에집 등이라고도 부른다. 점판암은 평행한 얇은 판으로 잘 쪼개지기 때문에 돌너와의 재료로 사용된다. 돌너와는 지붕을 이을 때 견고하여 잘 깨지지 않고 습기가 차지 않으며, 해충이나 곰팡이의 피해로부터 자유로워 내구성이 좋다. 점판암으로 지붕을 얹는 돌너와집은 여름에 시원하고 겨울에 따뜻한 편이다. 또

그림 7-9. 돌너와집의 전경

한 물이 잘 빠지고 견고하여 수명이 길다(강영복, 2007).

6. 다른 나라의 독특한 민가

황투 고원의 요동

요동의 분포와 특성

오늘날에도 혈거穴居 생활이 영위되고 있는 대표적인 곳이 중국 화북의 황토 지대이다. 중국에서 황토(黃土, loess)로 덮인 지역은 황허 강 유역, 신장웨이우얼 자치구, 하서주랑河西走廊, 둥베이 평원東北平原 등 약 63만 km²에 달한다. 이 가운데 황허 강 중·상류로부터 하서주랑에 이르는 지역이 요동窯洞 문화 혹은 황토굴黃土窟 문화의 중심이다. 황토는 퇴적층의 구성 물질과 구조에 따라 순純 황토와 유사類似 황토로 구분되는데, 요동은 대부분 순 황토 지대에 한정적으로 발달하였다. 요동의 72.4%가 황허 강 중류 지역에 집중되어 있다. 황허 강 중류의 황토 지대를 일반적으로 황투 고원[(黃土高原), 황토 고원]이라 부르는데, 이 고원의 면적은 약 30만 km²에 달한다. 오늘날 중국에서 요동에 거주하는 인구는 약 4000만 명으로 추산되나, 한때는 그 수가 8000만 명에 달하기도 하였다(최영준, 2003).

황토층의 두께는 가장 두터운 곳이 335m에 달하며, 1~2m의 두께의 홀로세 층 밑으로 플라이스토세에 퇴적된 여러 개의 황토층이 쌓여 있다. 황토는 점토성이 있어 잘 무너지지 않고 직립의 벽을 잘 유지한다. 그래서 황투 고원의 많은 사람들은 황토에 동굴을 파서 주거로 이용해 왔다. 천장은 아치(arch)형으로 파서 만들고, 내부에는 횟가루를 칠하여 황토가 무너지는 것을 방지한다. 요동은 동난하량(冬暖夏凉: 겨울에는 따뜻하고 여름에는 시원함)의 장점이 있으나, 실내가 어둡고 잘 울리며 여름에 습도가 높은 단점이 있다.

황투 고원 요동의 분류

황투 고원의 요동은 크게 황토 요동(黃土窯洞: 지하 요동)과 토배공 요동(土杯拱窯洞: 독립식 요동)으로 구분된다(그림 7-10, 7-11). 황토 요동은 지하에 굴을 파서 만든 지하식 주거이고, 토배공 요동은 구조 상으로는 요동이지만 건물 자체는 반지하식으로 짓거나 지상에 짓는 주거이다(최영준, 2003).

황토 요동은 흔히 말하는 황토굴을 뜻한다. 이 황토 요동은 다시 고애식 요동靠崖式窯洞과 하침식 요동下沈式窯洞으로 세분된다. 고애식 요동은 황토원黃土塬의 가장자리 혹은 하곡의 절벽에 입지하

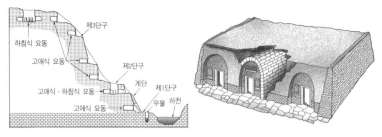

그림 7-10. 고애식 요동과 하침식 요동   **그림 7-11.** 토배공 요동의 구조

는데, 이 유형의 요동은 전면에 충적단구나 곡저평야가 펼쳐지는
배산임수형 지형에 발달한다. 하침식 요동은 황토층이 두껍고 지면
이 평탄한 황토원에 분포하는데, 이 유형의 요동은 정방형 혹은 장
방형의 인공 수혈人工竪穴의 4면 구벽溝壁에 굴을 뚫어 만든 주거
이다.

토배공 요동은 석재나 벽돌을 쌓아 요동 형태의 구조물을 만든
다음에 요동 사이의 공간을 황토로 다짐으로써 만든다. 그래서 중
국 건축가들은 토배공 요동을 복토 건축(覆土建築, earth-sheltered
dwelling)이라고 부른다. 토배공 요동은 황토 요동과 마찬가지로 단
열 효과를 높일 수 있다. 토배공 요동은 황토 요동보다 건설비가 열
배나 더 들지만 붕괴 위험이 적고, 우기의 실내 습도가 낮아 쾌적하
다는 장점이 있다.

몽골 초원 지역의 게르

몽골의 자연적 배경
몽골 국토의 3/4은 초원 지대를 이루고, 몽골 국토 전체가 건조 기

후에 속한다. 몽골 주민들은 초원을 이용하여 가축을 기르는 유목 문화를 형성하였다. 몽골의 연평균 강수량은 200~220mm에 불과하다. 북부의 산지에는 연 강수량이 비교적 많아 400~500mm에 이르지만, 몽골 고원 지역은 연 강수량이 100~200mm 정도이고, 남부에는 더욱 적은 양의 강수량이 기록된다. 일반적으로 5~9월에 연 강수량의 80~90%가 내리고, 특히 7~8월에 강수량이 많다. 대륙의 고기압이 약해지는 4~5월에는 강풍이 부는 경우가 자주 있다. 특히 남부에서는 평균 15~25m/sec의 바람이 때때로 불어 풍식작용도 강렬하게 일어난다. 연평균 기온은 남부에서는 5°C 내외이고, 중앙부에는 0°C 정도이며, 북부에서는 −4°C 내외이다. 기온의 연교차가 극히 심한 대륙성 기후를 나타낸다. 최한월인 1월의 평균 기온은 −15~−35°C가 되지만, 여름에는 기온이 상승하여 7월의 평균 기온은 북부에서 10°C, 남부에서 25°C가 된다. 이와 같이 1월과 7월의 평균 기온 차는 대체적으로 35~45°C를 기록한다.

몽골 유목민의 가옥 게르

몽골의 초원 지역에서 양, 염소, 소, 말, 낙타 등의 가축을 기르는 몽골인들은 주거를 자주 이동한다. 유목을 하는 몽골인들은 방목 시기를 춘하추동의 4기로 나누어 이동한다. 봄에는 물가의 평지에서 목축을 하고, 여름이 되면 산록의 계곡에 물이 있는 비교적 서늘한 장소로 이동하며, 가을에는 다시 봄의 목장으로 돌아오며, 겨울에는 먼 산지의 겨울 목장으로 이동한다. 몽골 유목민들은 게르(ger)라는 집에 산다(그림 7-12). 중국인들은 초원에 세워진 몽골 유목민의 게르를 몽골포蒙古包 혹은 파오(包, pao)라고 불러 왔다. 우리나라

자료: 위키미디어 공용.

그림 7-12. 몽골인의 게르

세계지리 교과서에서도 오랫동안 파오라고 불러 왔다. 여기서 파오
는 중국의 만두 모양과 비슷하다고 해서 중국인이 명명한 것이다.
현지의 몽골인들은 초원에 세워진 그들의 집을 게르라고 부른다.

게르의 특성과 구조

게르의 주요 재료는 버드나무 줄기와 펠트(felt)인데, 전자는 하천
에서 쉽게 구할 수 있으며 게르의 골조로 사용하고 후자는 양모를
원료로 만들며 지붕을 덮고 벽을 두르는 데 사용한다. 현재는 버드
나무의 골조 대용으로 공장에서 만든 알루미늄 파이프를 이용하기
도 한다. 게르는 건축과 해체가 쉬우며, 가벼워 운반하기 쉬운 이동
식 가옥이다. 게르의 형태는 원형 평면에 낮은 원추형의 지붕으로
되어 있어서 바람에 대한 저항이 적고, 펠트는 단열의 효과가 좋은
재료이다. 즉, 게르는 강한 바람과 혹한의 겨울을 대비한 유목민의

가옥이다. 게르를 세우는 데 3~4명의 남자가 함께 작업하면 1시간 정도 소요된다. 유목민은 대체로 한 시간 이내에 게르를 해체하고, 모든 가재와 함께 낙타의 등에 실을 수 있다. 게르의 내부에는 중앙에 철로 만든 난로가 있고, 난로 연료로 소똥[우분(牛糞)]이나 말똥[마분(馬糞)]이 사용된다. 연료로 사용되는 소똥과 말똥은 섬유질이 많은 배설물을 충분히 건조시켰기 때문에 악취가 나지도 않고 불결하지도 않다.

에스키모의 이글루

에스키모의 분포와 문화

에스키모(Eskimo)는 서쪽으로는 시베리아의 추코트(Chukot, Chukotka, 러시아령) 반도에서 알래스카(Alaska, 미국령) 주와 캐나다 북부를 거쳐 동쪽으로는 그린란드(Greenland, 덴마크령)에 이르기까지 북극해 연안에 분포하는 수렵인이다. 총인구는 약 15만 명으로 추정된다. 해안에 사는 에스키모는 바다표범, 북극곰, 해마, 고래 등을 주식으로 하며, 남서 알래스카에 사는 에스키모는 연어, 송어, 청어 등이 주식이고, 내륙에 사는 에스키모에게는 순록이 가장 중요한 주식이다. 에스키모는 크게 유피크(Yupik)와 이누이트(Innuit)의 두 집단으로 구분된다. 오늘날 유피크 집단은 4개의 서로 다른 언어를 사용하는 민족들을 총칭하는데, 이들은 알래스카의 서부와 남부, 시베리아의 동단에 살고 있다. 이누이트 집단은 알래스카의 북부, 캐나다와 그린란드의 극지방에 살고 있다. 미국의 알래스카에서는 유피크 집단과 이누이트 집단을 총칭하는 용어로서 에스키모라는 용어가 흔히 사용되고 있지만, 캐나다와 그린란드에서는 에스키모가 '날고기를 먹는 사람'을 뜻하는 경멸적인 말로 인식되기 때문에 에스키모라는 용어 대신에 이누이트(Innuit: '인간들'이라는 뜻)라는 용어가 사용되고 있다.

이글루 축조

에스키모들은 겨울철 동안에 얼음과 눈으로 만든 '이글루(igloo)'라는 집氷屋에 산다(그림 7-13). 이글루는 단단한 눈雪을 블록으로 만들어서 나선형으로 쌓아 만든 돔(dome) 형태의 집이다. 고래의 뼈로 만든 긴 칼로 단단한 눈을 블록 모양으로 잘라 내어 이것을 쌓아 올려 벽체로 하고, 그 위에 돔 형태의 지붕을 만든다. 숙련된 에스키모는 1~2시간 동안에 이글루를 만들 수 있다. 이글루 내부 벽면에는 절연재로 해표 가죽이 쳐져 있어 위로부터의 한기와 아래로부터의 온기를 막아 얼음이 쉽게 녹지 않게 해 주는 역할을 한다. 원래 '이글루'라는 말은 '집' 혹은 '주거'의 총칭이었으나, 눈으로 만든 집이 외부인들의 주의를 끌어 널리 알려지게 되었다. 에스키모가 보기에는 모든 사람들이 이글루('집'이라는 뜻)에서 살고 있는 것이다.

에스키모 이글루의 실내 기온

바깥 기온이 −42°C일 때 입구 터널 아래 층은 −41°C로 바깥 기온과 차이가 없으나 약 45cm 높이로 만든 거실상면(居室床面: 몇 장의 동물 가죽을 깔아 놓은 면) 위의 기온은 약 2°C로 바깥 기온과의 차가 무려 44°C나 되었다. 바깥 기온이 −5~−20°C, 풍속이 5~10m/sec일 때, 해표(바다표범) 기름에 이끼로 만든 심지의 램프 하나를 켜 두

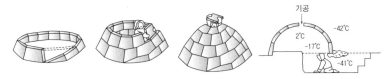

그림 7-13. 에스키모의 이글루 축조 과정 및 외부와의 온도 비교

면 거실상면 위의 기온은 14~23℃까지 올라가 바깥 기온과의 차가
약 30℃나 되었다. 에스키모들은 해표의 기름을 등불용과 난방용으
로 소중하게 사용한다.

제8장

촌락 기능론: 촌락의 기능

촌락의 기능이라 함은 촌락의 주민들이 어떻게 생활하고 있는가에 관한 것이다. 촌락 주민들이 농업을 주로 하는 경우에는 농촌, 어업을 주로 하는 경우에는 어촌, 임업을 주로 하는 경우에는 임업촌, 광산업을 주로 하는 경우에는 광산촌이라고 부른다. 촌락은 농업, 어업 및 광산업 이외에도 종교 기능, 방어 기능, 학술·연구 기능, 관광 기능 등을 수행한다.

1. 농촌·어촌·임업촌·광산촌

농촌

농촌은 작물을 재배하거나 가축을 사육함으로써 국민의 식생활

156   촌락지리학

을 해결하는 근거지이다. 농촌에 대한 넓은 개념의 정의에서 농촌은 도시에 대비되는 개념으로서 농업뿐만 아니라 축산업, 수산업, 임업 등에 종사하는 주민들이 사는 취락도 포함한다. 일반적인 정의에서 농촌은 농업을 주산업으로 하는 주민들이 살아가는 촌락이다. 농촌의 주요 기능은 식량 생산 기능이지만, 이외에도 자원 보전 기능, 휴양 제공 기능, 전통문화 보전 기능 등을 수행한다.

어촌

어촌은 대다수 주민들이 어업 혹은 양식업에 종사하는 촌락이다. 일반적으로 수산업이라 함은 어업, 양식업 외에 수산 가공업, 천일제염업까지 포함한다. 우리나라 수산업 종사자는 총인구의 1%에 불과하며, 그 대부분이 반농반어半農半漁의 겸업을 하고 있다. 즉, 우리나라에는 어업·양식업을 전업하는 경우보다는 농사를 겸업하는 반농반어촌들이 많다. 서해안의 어촌 중에는 갯골이 개흙(뻘)으로 메워지거나 간척 사업이 추진되어 어선이 더 이상 드나들지 못하게 된 어촌들이 많다. 전북 부안군 줄포면 줄포, 충남 홍성군 광천읍 옹암포는 새우젓으로 유명한 중심 어촌이었으나, 갯골이 좁아져서 1960년을 전후하여 어선이 들어올 수 없게 되었다.

어촌은 연안 어장의 공유와 관리, 선착장이나 방파제 구축의 필요성 등으로 인하여 공동체적 성격을 강하게 갖고 있다. 형식적으로는 수산업협동조합(또는 어업협동조합) 혹은 어촌계漁村契가 연안 어장의 소유권을 갖고 있지만, 어촌 주민들은 연안 어장을 어촌의 공동 재산으로 인식하고 있다. 연안 어장의 경계선 획정을 두고 두

어촌 사이에 갈등이 일어나는 경우가 흔히 있다. 이러한 갈등이 발생할 경우 어촌의 주민들은 촌락 구성원 간의 강한 공동체 의식을 갖는다.

임업촌

임업촌은 임업을 하기 위한, 혹은 임업을 주요 생산 기반으로 하는 촌락이다. 임업촌의 주민은 임산물을 채취하고 삼림을 개발한다. 임업은 산림을 유지·조성하고 임목林木을 보육하며 이것을 경제적으로 이용하는 생산업을 말한다. 임업의 개념은 시대에 따라 변천되었다. 현대의 임업이란 산림의 합리적인 취급에 의해 국민의 사회적·경제적 복리 증진에 기여하는 활동이다. 그래서 임업의 개념에는 산림을 조성하고 보육하여 임산물을 생산하는 활동뿐만 아니라 산림이 가지는 국토 보존 기능, 수원 함양 기능, 관광 휴양 기능을 위한 자원적 가치와 기타 여러 가지 효용을 유지시키거나 증진시켜 나가는 활동을 포함한다.

광산촌

광산촌은 지하자원을 개발하는 기능을 가진 촌락이다. 광산촌의 주된 기능은 지하자원의 채굴, 야금, 정련 등이다. 우리나라는 '광물의 표본실'이라고 할 수 있을 정도로 부존 광물의 종류가 많다. 우리나라에서 발견된 광물은 약 300종이고, 유용 광물은 약 140종이나 된다고 한다. 그러나 지하자원으로서 채굴되는 것은 약 30종에 불과하고, 그 매장량 또한 빈약하다. 주요 지하자원은 남한보다 북한에 많다. 무연탄, 철광석 매장량의 80~90%가 북한에 분포한다.

2. 종교 · 학술 · 관광 · 방어 기능

종교 취락

종교 취락은 사원이나 묘지, 또는 신앙과 관련된 시설을 중심으로 많은 신자들이 모여 형성한 취락이다. 종교 취락 중에는 이스라엘의 예루살렘(Jerusalem)이나 사우디아라비아의 메카(Mecca) 등과 같이 대도시로 발달한 종교 취락도 있다. 우리나라의 종교 취락으로는 계룡산 신도안[신도내(新都內)], 풍기읍 정감록촌鄭鑑錄村, 지리산 청학동 도인촌, 천부교 신앙촌 등을 들 수 있다.

:: 참고 한국의 종교

한국은 다양한 종교들의 갈등과 대립보다는 타협과 조화가 유지되고 있는 국가이다. 특히 유교는 일상생활에 널리 스며들어 있으며, 유교의 침투 정도는 인접 국가인 중국과 일본에 비해 훨씬 더 크다. 한국의 불교는 전통적으로 불교 교리를 종합적으로 보는 제설諸說혼합주의로서의 고유한 특색을 갖고 있고, 한국의 토착 신앙(산신령, 칠성신, 삼신 신앙이나 무속 신앙)과 많이 결합되어 있다. 한국의 기독교, 특히 개신교는 미국의 기독교보다 근본주의적 성향이 훨씬 강하고, 또한 정치적으로 보수주의 지향성을 갖고 있다. 유교, 불교, 기독교의 3대 종교들은 서로 다른 시기에 외부로부터 한국에 도입되었음에도 불구하고 오늘날 평화롭게 공존하고 있다.

통계청이 2005년에 발표한 자료에 따르면, 우리나라에서 종교를 가진 인구는 전체 인구의 53.1%이고, 3대 종교 중 가장 신자가 많은 종교는 불교(22.7%)이고, 그다음은 개신교(18.3%), 천주교(10.9%) 순으로 나타났다. 유교의 영향을 많이 받은 대부분의 한국인들은 조상 숭배를 종교적 행위라기보다는 오히려 일상적인 생활양식으로 여긴다. 한국인들은 유교를 자신들의 영생을 얻기 위하여 의지해야 하는 종교라기보다는 이웃 사람들과 공유해야 할 사회적 이데올로기로 믿는 경향이 있다.

한국의 유교와 불교는 한국의 개신교나 천주교에 비해 조직이 결여되어 있으며, 때로는 상호 간의 경계가 불분명한 경우가 있다. 한국인 중에 유교 신도인 동시에 불교 신도인 경우나 불교 신도인 동시에 무속 신봉자인 경우가 매우 많다. 개신교나 천주교는 불과 100여 년 남짓한 기간 동안에 세력이 급속하게 성장해 유교와 불교의 헤게모니를 위협하고 있다. 단순 통계상으로는 불교 신자가 가장 많지만, 종교적 집회에 적극적으로 참여하는 신도의 숫자만 고려한다면 개신교 신자가 불교 신자보다 훨씬 많다(류제헌, 2006).

『정감록』 십승지와 풍기읍 정감록촌

『정감록鄭鑑錄』은 조선 시대 말엽에 출현하였다. 『정감록』은 이씨 왕조가 곧 망하고 계룡산 신도안에 정씨 왕국이 건설된다고 예언하고 있다. 『정감록』은 다가오는 대재앙에 대한 도피처가 10개소라고 예언하고 있는데, 이것이 십승지十勝地이다(표 8-1). 십승지는 교통이 불편한 내륙 오지奧地로서 모두 영월 이남에 위치한다. 조선 시

표 8-1. 『정감록』 십승지

구분	위치
풍기(豐基)	경북 영주시 풍기읍 풍기
유구(維鳩)	충남 공주시 유구읍 유구
가야(伽倻)	경남 합천군 가야면 가야산 남쪽
금당(金堂)	경북 예천군 금당동 북쪽
영월(寧越)	강원 영월군 영월읍 바로 동쪽 상류
무풍(茂豐)	전북 무주군 무풍면 북쪽
호암(壺岩)	전북 부안군 호암
운봉(雲峰)	전북 남원시 운봉읍 동점동
화산(花山)	경북 봉화군 춘양면 화산
보은(報恩)	충북 보은군 속리산

대 말엽의 사회적 혼란기에 『정감록』의 신봉자들은 전국 각지로부터 십승지로 몰려들어 정감록촌鄭鑑錄村을 형성하였다.

십승지 중에서도 풍기豐基는 전란 때 살아남을 수 있는 곳이라고 하여 가장 높게 꼽히는 곳이었다. 풍기읍의 정감록촌은 소백산의 남쪽 산록 분지에 위치하는데, 우리나라의 대표적인 민속 신앙 취락이다. 풍기읍 정감록촌의 중심은 영주시 풍기읍 금계동金鷄洞이었는데, 이곳에서부터 욱금동郁錦洞, 삼가동三街洞으로 점차 확대되었다. 1959년의 총 1,294가구를 대상으로 전입 동기를 물었을 때, 『정감록』과 직접 혹은 간접으로 영향이 있는 가구는 38%에 달하였다. 이들은 제각기 다른 관점에서 길지吉地를 선정하여 가옥을 지었기 때문에, 촌락은 산촌散村을 형성하였다.

이후 중앙선의 개통과 자동차 교통의 발달로 인하여 풍기읍 중심지는 도시화가 많이 진행되었다. 이에 불안을 느낀 정감록 신봉자들은 풍기읍 중심지에서 소백산 중턱이나 다른 내륙 오지로 이주하였다. 주민들은 화전火田을 개간하여 감자, 조, 옥수수를 재배하는 한편 소백산의 산채, 약초, 송이 등을 채취하여 생계를 유지하였다. 삼가동의 정감록촌은 당국의 화전 정리와 집단 가옥 주선으로 많이 변형되었다.

전국에서 유입한 『정감록』 신봉자들은 고향에서 익힌 기술을 바탕으로 풍기 지역에서 인삼 재배(1890년대), 과수 재배(1920년대), 인조 견공업(1930년대)과 같은 산업을 이식시켜 이곳의 산업 구조와 산업 경관을 크게 변화시켰다.

청학동 도인촌

중국의 이상향이라 하면 무릉도원武陵桃源을 떠올리는 것처럼, 흔히 우리나라의 이상향이라 하면 청학동靑鶴洞을 떠올린다. 청학동은 전통 시대 사람들이 소망하고 추구하였던 한국적 이상향의 전형이었다. 전국에 청학동이라는 행정 지명이 수십 군데 나타나는 것은 청학동이 전국적으로 이상향의 상징이었음을 말해 준다고 하겠다. 역사적으로 고찰해 볼 때 청학동의 최초 비정지는 하동군 화개면 운수리 부근이었다. 조선 시대를 거치면서 청학동으로 추정되는 장소는 하동군 악양면 매계리 매계, 하동군 화개면 대성리 의신·덕평, 산청군 시천면 세석평전, 하동군 청암면 묵계리 학동 등 다양한 공간적 변이가 나타났다(최원석, 2009). 오늘날 청학동이라 하면 경남 하동군 청암면 묵계리 청학동으로 널리 알려져 있다.

경남 하동군 청암면 묵계리의 '청학동 도인촌靑鶴洞道人村'은 지리산 국립공원 삼신봉(三神峰, 해발고도 1,284m)의 남사면 해발 약 800m에 자리 잡은 종교 취락이다. 100여 명의 이곳 주민들은 고유의 민속 종교를 신봉하면서 현대 문명을 멀리하고 우리의 전통 생활양식을 고수하고 있다. 일명 일심교一心敎라고도 하는 이 민속 종교의 정식 이름은 '시운기화유불선동서학합일대도대명 다경대길유도갱정교화일심(時運氣和儒佛仙東西學合一大道大明 多慶大吉儒道更定敎化一心)'이다. 집단생활을 하는 이들의 가옥은 한국 전래의 초가집 형태를 띠고 있으며, 의생활도 전통적인 한복 차림을 고수하고 있다. 미성년 남녀는 머리카락을 자르지 않고 길게 땋아 늘어뜨리며, 성인 남자는 갓을 쓰고 도포道袍를 입는다. 자녀들을 학교에 보내지 않고 마을 서당에 보내는 것도 특이하다. 마을 사람들은 농업 외에 약초, 산나물 채취와 양봉, 가축 사육 등으로 생계를 꾸려 나간다. 이곳이 외부에 알려지면서 근래에는 많은 관광객이 청학동 도인촌을 찾아가고 있다.

천부교 신앙촌

천부교天父敎는 평안남도 덕천 출신의 교주 박태선 장로가 1955년에 창시한 기독교계 신흥 종교이다. 초기에는 흔히 '전도관'으로 불렸으나 정식 명칭은 '한국천부교회'이다. 천부교 신자들의 신앙 공동체를 '신앙촌'이라 칭하며, 소사 신앙촌(경기도 부천시), 덕소 신앙촌(경기도 남양주시), 기장 신앙촌(부산시 기장군) 등 세 곳에 신앙촌을 형성하였다. 그러나 2000년대에 들어서 소사 신앙촌과 덕소 신앙촌 일대가 재개발로 사라져 현재는 기장 신앙촌만이 남아 있다.

교주 박태선 장로는 자신이 메시아임을 자처하면서 '전도관'을 설립하였다. 박 장로는 '전도관'과 '신앙촌'을 중심으로 전도 활동을 펼쳤다. 1955년 서울 남산 집회, 영등포 집회, 한강 백사장 집회 등 전국적인 대형 집회를 열기 시작하면서, 그는 국내외적으로 비상한 주목을 받기 시작하였다. 이후 박 장로는 전도 기반을 확장해 나갔는데, 한때 신자가 100만 명을 넘기도 했으나 이후 많이 위축되었다.

1980년대 들어 박태선 장로는 자신이 인간의 구원을 위해 '육신 肉身으로 이 세상에 온 감람나무 하나님'임을 발표하면서 교명을 천부교로 개칭했다. 그는 1990년 2월 7일 세상을 떠났는데, 이 사실을 천부교인들은 "하나님이 육신을 입고 오셨다가 이 땅에서 할 일을 다하시고 육신을 벗고 지금은 낙원에 계신다."라고 표현한다.

신앙촌은 천부교인들이 모여 사는 신앙인의 마을인데, 1957년 경기도 부천의 소사 신앙촌, 1962년 경기도 남양주의 덕소 신앙촌, 1970년 부산 기장의 기장 신앙촌이 건설되었다. 소사 신앙촌과 덕소 신앙촌은 그 인근에 대규모 아파트 단지가 재개발되면서 현재 신앙촌이라 하면 기장 신앙촌을 일컫는다.

신앙촌은 1957년 11월 1일 착공된 제1의 신앙촌인 소사 신앙촌으로부터 시작되었다. 현재의 경기도 부천시 소사구 범박동 일대의 황무지 43만여 평을 개간해 주택, 공장, 학교뿐만 아니라 상점, 공공시설 등을 갖추고 1만여 명의 교인이 입주하였다. 소사 신앙촌에서는 각종 공장을 설립하여 제과, 제빵, 간장, 양말, 이불, 메리야스, 양재, 스테인리스, 가구, 형광등, 플라스틱, 비누, 성냥, 양초, 피아노 등 100여 종의 제품을 생산하였다.

1962년 7월 21일, 현재의 경기도 남양주시 와부읍 덕소리 일대에 제2의 신앙촌인 덕소 신앙촌이 건설되기 시작하였다. 소사 신앙촌에 있던 생산 공장들이 덕소 신앙촌으로 옮겨지고, 6천여 명의 교인이 입주하였다. 가옥은 아파트와 2층 양옥으로 한강을 따라 길게 늘어섰다. 이곳에서는 소사 신앙촌에서 생산하던 대부분의 제품들을 지속적으로 생산하는 한편, 제강 산업이나 슬레이트 제조 산업도 진행되었다. 덕소 신앙촌에서는 특히 담요, 메리야스, 양재 등의 분야에 있어서 전국적으로 인기가 높은 제품을 생산하였다.

1970년 2월 28일에 현재의 부산광역시 기장군 기장읍 죽성리 일대에 착공된 기장 신앙촌은 당시 50여 개의 생산 공장을 갖추고 약 5천여 명의 교인이 입주하였다. 기장 신앙촌이 건설되면서 덕소 신앙촌에 있던 생산 공장 대부분이 기장 신앙촌으로 이전되었다. 그러나 1971년 12월 29일 이 지역 일대가 개발제한구역으로 지정됨에 따라 신앙촌 건설은 더 이상 진행될 수 없었다. 2000년 7월 1일 '개발제한구역 지정 및 관리에 대한 특별조치법'이 시행됨에 따라, 신앙촌 내 개발제한구역의 일부가 우선해제지역으로 지정되었다. 오늘날 많은 고객과 견학생들이 이곳을 방문하고 있다. 현재 신앙촌에서는 간장, 두부, 의류, 침구류, 요구르트 등 다양한 제품이 생산되고 있다.

계룡산의 신도안

계룡산은 차령산맥(금남정맥)에 속하는 20여 개의 봉우리로 구성된 산인데, 행정구역상으로는 충남 공주시, 논산시, 계룡시와 대전광역시에 걸쳐 있다. 능선의 모양이 닭 벼슬과 같고 봉우리들의 모습이 마치 굼실거리는 용과 닮았다는 이유로 일찍이 계룡산이라 불리었다. 신도안은 계룡산의 남쪽 산록에 위치한다. 동·서·북 방향으로 계룡산 줄기(구릉성 산지)가 둘러싸고 있다. 행정구역상으로는 충남 논산시 두마면이었으나 현재는 충남 계룡시에 속한다. 오늘날 계룡시는 북쪽으로는 공주시 반포면과 계룡면, 서쪽으로는 논산시 상월면과 연산면, 남쪽으로는 논산시 벌곡면, 동쪽으로는 대전 유성구와 접한다.

조선 시대의 풍수가들은 신도안의 지형을 회룡고조回龍顧祖 또는 산태극형山太極形의 형세라 하여 길지吉地로 간주하였다. 조선 시대 초에는 이곳으로 수도를 옮기자는 천도설遷都設이 있었다. 그 당시 궁궐을 짓기 위해 기초 공사를 하다가 중단되어 지금도 주춧돌이 남아 있다.

일제 강점기에 『정감록』의 비결을 신봉하는 많은 종교 집단이 모여 신도안에 특수 촌락을 형성하였으며, 한국전쟁 동안에도 많은 종교 집단 피난민들이 들어왔다. 휴전 이후에 천도교계, 불교계, 유교계, 무속계, 기독교계 등 매우 다양한 100여개의 종파가 있었다고 한다. 1976년의 조사에 따르면, 신도안에서는 모두 93개의 종교 단체가 있었다. 이 93개의 종교 단체는 유사 종교 85종(불교 56종, 무속계 17종, 동학계 6종, 불교계 4종, 기독교계 2종)과 정통 종교 8종(불교 3종, 동학 3종, 기독교 2종)으로 구분되었다. 신도안은 종교 촌락이지만 어떤 특정한 종교에 의하여 발생·발달한 종교 촌락은 아니었다.

1968년 계룡산 일대가 계룡산 국립공원으로 지정된 뒤에 공원 구역 내의 모든 암자庵子, 기도원祈禱院, 교당敎堂 등이 철거되었고, 또한 1980년대에 재개발이 추진되어 각종 종교 건물들이 철거되었다. 근래에는 삼군의 사령부가 이곳에 들어섰다. 신도안은 휴전선에서 멀리 떨어진 곳에 위치하여 유사시 방어에 유리할 뿐만 아니라 남한의 중앙부에 위치하여 삼군을 통합적으로 관리하기에 유리한 곳이다.

:: 참고   계룡산의 굿당

한국에는 무속 신앙을 추종하는 사람들이 상당히 많다. 1990년 문화공보부에 신고한 무속인(무당)들은 20만 명에 달했다. 오늘날 다수의 무속인(무당)은 스스로를 보살이라고 부르고 자신들이 사는 집 앞에 불교 사찰의 상징 만卍자를 그려 놓은 깃발을 내걸기도 한다. 무당 한 명은 자기 자신의 수호신을 안치하고 굿에 사용하는 도구들을 보관하는 '당집'을 가지고 있다. 이런 당집은 대개 단칸방으로 무당 개인의 소유로 되어 있다. 때로는 무당이 거처하는 방 한구석에 이러한 것들을 배치하는 공간을 마련하기도 하는데, 이러한 신성한 장소를 가리켜 흔히 당堂이라고 한다.

계룡산은 무속인(무당)들이 기도를 하거나 굿을 하기 위해 방문하는 산 가운데 우리나라에서 가장 중요한 곳으로 알려져 있다. 특히 계룡산의 봉우리와 깊은 계곡에는 무당과 무속적인 방법으로 치성을 드리는 사람들을 유인하는 장소가 많다. 무속인들이 자기 고객에게 굿을 해주는 장소를 '굿당'이라고 하는데, 1976년 실시된 '종교정화운동' 이전에는 100개 이상의 굿당들이 가옥, 토굴, 석굴, 천막 등의 형태로 고유한 명칭도 없이 계룡산 전역에 분포하고 있었다. 현재는 굿당이 계룡산 국립공원 밖으로, 신도안의 삼군 사령부를 벗어난 동학사 입구, 상신 계곡, 신원사 계곡에만 국지적으로 분포하고 있을 뿐이다. 그리고 이곳의 굿당들은 예전과 달리 불교적 명칭을 가진 암자의 형태를 하고 있다. 무속 행위에 대한 금지 조치(1976)가 내려지기 이전까지는 봉우리와 연못이 무속인들이 기도를 드리는 대상으로 가장 중요하였지만, 금지 조치가 내려진 이후에는 이러한 곳의 굿당은 소멸되고 사찰 부근의 굿당이 증가하였다. 현대에 들어와 무속 신앙을 억압하는 사회적 분위기에 무속인들은 정부의 의

심에 찬 눈초리를 피하기 위해 불교 신자임을 가장하지 않으면 안 되었던 것이다(류제헌, 2006).

학술 · 연구 기능

연구단지촌

선진국에는 첨단적인 연구 · 학원 취락으로 기술도시(Technopolis)라고 불리는 도시가 있다. 미국에는 캘리포니아 주의 실리콘밸리(Silicon Valley) 등 다수의 기술도시가 있다. 이는 국가 산업을 발전시키기 위해서 학술과 첨단 산업을 제품화할 기술과 산업을 동시에 충족시켜 첨단 산업을 효율적으로 개발하려는 취락이다. 기초 연구를 담당하는 대학과 연구 기관이 기업체들과 한 곳에 모여 있어 연구 능률을 극대화할 수 있도록 환경을 조성한다.

:: 참고   실리콘밸리

실리콘밸리는 미국 캘리포니아 주 샌프란시스코 만(San Francisco Bay) 지역의 남부에 위치한다. 실리콘밸리에는 애플(Apple), 휴렛팩커드(HP), 인텔(Intel), 구글(Google), 시스코(Cisco), 오라클(Oracle) 등을 포함하여 다수의 세계적 기술 기업들이 들어서 있다. 실리콘밸리라는 명칭은 그 지역에 입지하는 실리콘 칩(silicon chip) 기술 도입자들과 그 관련 제조업체들을 지칭하는 용어로 사용되었으나, 현재는 그 지역에 입지하는 첨단 기술 분야를 총칭하는 용어로 사용된다.

대덕연구단지

1973년 12월 정부가 과학 입국의 명제 아래 840만 평의 대덕연구단지大德硏究團地 기본 계획을 확정하면서 충남 대덕군 탄동면 일대를 중심으로 대덕연구단지가 조성되기 시작하였다. 1974년 3월에 착공한 이후 1992년 11월 준공하기까지 약 20여 년간에 걸쳐 사업이 진행되었으며, 진행 과정에서 15차례에 걸쳐 기본 계획이 수정되었다. 대덕연구단지는 경부고속도로와 호남고속도로의 지선이 교차하는 곳에 위치하며, 개발 면적 834만 평에 교육·연구 시설지(398만 평, 48%), 주거지(66만 평, 8%), 상업지(11만 평, 1%), 녹지 보존 구역(359만 평, 43%)으로 구성되었다. 1978년부터 다수의 정부 투자 연구소, 벤처 기업, 공공 기관, 정부 출연 연구 기관, 기업 부설 연구 기관, 고등교육 기관 등이 들어섰다. 대덕연구단지는 1983년 충남 대덕군에서 대전시로 편입되었다. 오늘날 대덕연구단지는 행정구역상으로 대전광역시 유성구에 속한다.

관광·휴양 기능

온천 취락

교통이 불편하고 생활이 궁핍하던 시대에는 관광객이나 휴양객이 극히 적어 이들을 위한 취락이 발달할 수 없었다. 우리나라에서 관광·휴양 기능을 위한 취락으로 가장 먼저 발달한 것은 온천 취락이었다. 남한의 온천 취락으로 일제 강점기에 등장한 것은 온양(충남 아산시 온양1동, 온양2동), 유성(대전광역시 유성구), 수안보[충주시 수안보면(2005년 4월 1일 상모면에서 수안보면으로 명칭이 바뀜)], 온천장(부산광역시 동래구) 등이었다. 1960년대까지도 전국에서 가장 유명한 온천은 철도 교통이 편리한 온양 온천이었다. 온양은 1922년에 천안에서 철도가 들어왔다. 그리고 철도역 앞의 온천동(현재의 아산시 온양1동, 온양2동)은 이때부터 역전 취락 혹은 온천 취락으로 성장하여 아산시(1986년부터 1994까지는 온양시)의 중심부가 되었다. 유성과 온천장은 온천을 기반으로 성장하여 각각 대전과 부산의 일부가 되었다. 반면에 수안보는 도시에서 멀리 떨어져 있어 순수한 온천 취락으로 유지되었다. 도고(충남 아산시 도고면 기곡리), 부곡(경남 창녕군 부곡면 거문리), 백암(경북 울진군 온정면 소태리와 온정리)은 1970년대 이후 개발된 온천으로 농촌 지역 혹은 산간 지대에 위치하지만 호텔, 콘도, 음식점 등이 들어서 상당히 변화하였다. 1980년대 이후에는 온천 개발이 전국에서 활기를 띠어 많은 온천 취락이 모습을 드러냈다.

:: 참고 온천 개발

2010년 2월 4일 개정된 온천법에서 '온천이란 지하로부터 용출되는 섭씨 25°C 이상의 온수로서 그 성분이 대통령령으로 정하는 기준에 적합한 것'으로 규정하고 있지만, 기존의 온천법에서는 '온천이란 지하로부터 용출되는 섭씨 25°C 이상의 온수로서 그 성분이 인체에 유해하지 아니한 것'으로 규정하였다. 1981년 온천법 제정 당시 온천공 굴착 기술 수준이 지하 200~300m로 낮았지만, 근래는 굴착 기술이 점차 발달하여 지하 2,000m까지 온천공을 굴착할 수 있다. 이러한 굴착 기술의 발달로 인하여 기존의 온천법, 즉 온천을 온천수에 녹아 있는 광물질 성분이나 그 효능에 두지 않고 오로지 섭씨 25°C 이상의 수온으로만 규정하였던 온천법은 온천의 난개발과 그로 인한 환경 파괴를 불러왔다. 온천에 대한 모호한 법적 정의로 인해서 온천에 대한 무분별한 탐사와 채굴이 일어난 것이다(이영희, 2007). 2011년 1월 현재 전국에서 이용 중이거나 개발 중인 온천의 수는 432개소에 달한다.

해수욕장 취락

여름의 휴가철에는 많은 피서객이 해수욕장으로 몰려든다. 대부분의 해수욕장에는 간단한 시설만 설치되어 있지만 동해안의 경포 해수욕장(강원 강릉시, 경포 도립공원)과 낙산 해수욕장(강원 양양군 강현면 주청1리, 낙산 도립공원), 서해안의 대천 해수욕장(충남 보령시 보령)과 만리포 해수욕장(충남 태안군 소원면 모항리) 등에는 해수욕장 취락이 잘 발달하였다.

경포 해수욕장은 강릉시의 중심가에서 북쪽으로 6km, 경포대鏡浦臺에서 1km 지점에 있다. 경포호鏡浦湖와 동해 바다 사이에 6km의 백사장이 펼쳐져 있고 주위에 소나무 숲이 우거져 있다. 경포 해수욕장 주변에는 경포대, 오죽헌烏竹軒, 참소리 박물관, 선교장, 난설헌 문학비 등 경포호를 중심으로 볼 만한 곳이 많으며 경포호 주변을 자전거로 하이킹 하는 것 또한 하나의 관광 상품으로 제공되고 있다. 해마다 관노가면극官奴假面劇, 농악, 사물놀이, 학산鶴山오독떼기 등의 전통 문예 행사, 여름 해변 축제와 해변 무용제, 공개방송 등의 다양한 문화 행사가 펼쳐져 많은 관광객이 찾아온다.

낙산 해수욕장은 속초에서 남쪽으로 16km 지점에 있으며, 울창한 소나무 숲을 배경으로 약 2km에 달하는 백사장을 갖고 있다. 낙산 해수욕장은 깨끗한 모래와 수질로 유명하고, 또한 부근에 낙산

洛山寺사와 의상대義湘臺 등 명찰과 고적이 있어 많은 관광·휴양객이 모여든다.

대천 해수욕장은 폭 100m, 길이 3.5km에 달하는 백사장을 구비하고 있으며, 또한 수심이 얕고 파도가 거칠지 않아 해수욕을 즐기기에는 천혜의 장소이다. 또한 부근에는 기암괴석이 발달한 해안선과 울창하고 아늑한 소나무 숲이 있기 때문에 많은 관광객이 찾아온다. 대천 해수욕장의 인근에는 무창포 해수욕장과 용두 해수욕장이 있다.

만리포 해수욕장은 폭 100~250m, 길이 3km에 달하는 백사장을 구비하고 있다. 간만의 차가 커서 썰물 때는 넓은 백사장이 드러난다. 만리포 해수욕장은 태안해안 국립공원의 명소로 알려져 있으며, 태안반도 서쪽 끝에 있는 천리포 해수욕장(태안군 소원면 의항리)과 남북으로 이웃한다. 이외에도 태안군에는 장삼포 해수욕장(고남면 장곡리), 백리포 해수욕장(소원면 의항리), 갈음이 해수욕장(근흥면 정죽리), 연포 해수욕장(근흥면 도황리), 의항 해수욕장(소원면 의항리), 사목 해수욕장(이원면 내리), 구례포 해수욕장(원북면 황촌리), 학암포 해수욕장(원북면 방갈리), 통개 해수욕장(소원면 파도리), 파도리 해수욕장(소원면 파도리), 어은돌 해수욕장(소원면 모항리), 청포대 해수욕장(남면 양잠리), 달산포 해수욕장(남면 달산리), 몽산포 해수욕장(남면 신장리), 바람아래 해수욕장(고남면 장곡리), 장돌 해수욕장(고남면 장곡리), 샛별 해수욕장(안면읍 신야리), 꽃지 해수욕장(안면읍 승언리), 방포 해수욕장(안면읍 승언리), 밧개 해수욕장(안면읍 승언리), 두여 해수욕장(안면읍 정당리), 안면 해수욕장(안면읍 정당리), 기지포 해수욕장(안면읍 창기리), 삼봉 해수욕장(안면읍 창기6리), 백사장 해수욕장(안면읍 창기리), 신두리 해수욕장(원북면 신두리) 등 수많은 해수욕장이 위치한다.

자연공원의 지정과 관광 취락

자연공원은 '자연 생태계와 수려한 자연 경관, 문화 유적, 휴양 자원 등을 보호하고 지속 가능한 이용을 도모함'을 목적으로 지정·관리하는 공원이다. 자연공원 주변에는 관광 취락이 발달한다. 우리나라의 자연공원은 국립공원, 도립공원, 군립공원으로 나뉜다.

우리나라 국립공원은 지리산(1967), 경주(1968), 계룡산(1968), 한려해상(1968), 설악산(1970), 속리산(1970), 한라산(1970), 내장산(1971), 가야산(1972), 덕유산(1975), 오대산(1975), 주왕산(1976), 태안해안(1978), 다도해해상(1981), 북한산(1983), 치악산(1984), 월악산(1984), 소백산(1987), 변산반도(1988), 월출산(1988) 순으로 지정되었다(총 20개소). 산악형 국립공원이 16개소, 해상·해안 국립공원이 3개소, 도시형 국립공원이 1개소가 있다. 국립공원은 1988년 이후 2010년 현재까지 신규로 지정된 것은 없고, 그 범위가 확대되거나 축소되는 등의 변화만을 겪어 왔다(그림 8-1, 표 8-2).

우리나라의 국립공원은 1968년부터 1987년 7월까지 20년간 지방자치단체들이 관리해 왔으나, 1987년부터 국립공원관리공단이 설립되어 국가가 일관성 있게 직접 관리하기 시작하였다. 국립공원의 관리는 환경부가 관장하지만, 실제적으로 19개 국립공원의 관리는 국립공원관리공단에 위임되어 있고, 한라산 국립공원의 관리는 제주특별자치도에 위임되어 있다. 국립공원관리공단은 자연공원법 제44조 및 제80조의 규정에 따라 국립공원관리청인 환경부 장관의

설악산 국립공원

북한산 국립공원

오대산 국립공원

치악산 국립공원

동해

소백산 국립공원

월악산 국립공원

태안해안 국립공원

주왕산 국립공원

서해

속리산 국립공원

계룡산 국립공원

덕유산 국립공원

경주 국립공원

변산반도 국립공원

가야산 국립공원

내장산 국립공원

지리산 국립공원

월출산 국립공원

한려해상 국립공원

다도해해상 국립공원

남해

한라산 국립공원

그림 8-1. 우리나라의 국립공원

권한을 위탁 받아 국립공원의 보호 및 보전과 공원 시설의 설치·
유지·관리 업무를 수행하고 있다.

도립공원은 특별시장, 광역시장, 또는 도지사가 환경부 장관의
승인을 얻어 지정·관리한다. 2010년 12월 현재 도립공원은 경기
도 3개소(남한산성, 연인산, 수리산), 강원도 3개소(낙산, 경포, 태백산),
충청남도 3개소(덕산, 칠갑산, 대둔산), 경상북도 4개소[금오산, 팔공산
(일부는 대구광역시), 문경새재, 청량산], 경상남도 2개소[가지산(일부는 울
산광역시), 연화산], 전라북도 4개소(모악산, 대둔산, 마이산, 선운산), 광주

촌락지리학

표 8-2 국립공원 지정 현황(2010년 12월 기준)

지정순위	공원명	위치	공원구역		비고
			지정년월일	면적(km²)	
계	20개소			6,579.9	육지 : 3,898.9(3.9%) 해면 : 2,680.9(2.7%) ※ 국토면적의 6.6%
1	지리산	전남, 전북, 경남	1967.12.29	471.8	
2	경주	경북	1968.12.31	138.7	
3	계룡산	충남, 대전	1968.12.31	64.7	
4	한려해상	전남, 경남	1968.12.31	545.6	해상 395.5
5	설악산	강원	1970. 3.24	398.5	
6	속리산	충북, 경북	1970. 3.24	274.5	
7	한라산	제주	1970. 3.24	153.4	
8	내장산	전남, 전북	1971.11.17	81.7	
9	가야산	경남, 경북	1972.10.13	77.1	
10	덕유산	전북, 경남	1975. 2. 1	231.7	
11	오대산	강원	1975. 2. 1	303.9	
12	주왕산	경북	1976. 3.30	107.4	
13	태안해안	충남	1978.10.20	326.6	해상 289.5
14	다도해해상	전남	1981.12.23	2,321.5	해상 1,986.7
15	북한산	서울, 경기	1983. 4. 2	79.9	
16	치악산	강원	1984.12.31	181.6	
17	월악산	충북, 경북	1984.12.31	288.0	
18	소백산	충북, 경북	1987.12.14	322.4	
19	변산반도	전북	1988. 6.11	154.7	해상 9.2
20	월출산	전남	1988. 6.11	56.1	

광역시 1개소[무등산(일부는 전라남도)], 전라남도 6개소(조계산, 두륜산, 팔영산, 천관산, 신안증도갯벌, 무안갯벌), 제주도 6개소(제주조각, 마라해양, 성산일출해양, 서귀포시립해양, 추자, 우도해양)의 총 31개소가 있다 (표 8-3).

군립공원은 시·군 및 자치구의 자연 생태계나 경관을 대표할 만한 지역으로서 자연공원법 제4조의 4(군립공원의 지정 절차)에 따라 지정된 공원이며, 시·군 및 자치구에서 관리한다. 군립공원은 1981년 1월 전북 순창군의 강천산을 최초 군립공원으로 지정한 이래 2010년 12월 현재까지 27개소가 지정되어 있으며, 총면적 239.217km²로

표 8-3. 도립공원 지정 현황(2010년 12월 기준)

지정순위	공원명	위치	총면적(km²)	비고
계	31개소		1,050.4	
1	금오산	경북 구미 · 칠곡 · 김천	37.3	1970. 6. 1
2	남한산성	경기 광주 · 하남 · 성남	36.4	1971. 3.17
3	모악산	전북 김제 · 완주 · 전주	45.6	1971.12. 2
4	무등산	광주, 전남 담양 · 화순	30.2	1972. 5.22
5	덕산	충남 예산 · 서산	21.0	1973. 3. 6
6	칠갑산	충남 청양	32.9	1973. 3. 6
7	대둔산	전북 완주	38.1	1977. 3.23
7-1	대둔산	충남 논산 · 금산	24.8	1980. 5.22
8	낙산	강원 양양	8.7	1979. 6.22
9	마이산	전북 진안	17.2	1979.10.16
10	가지산	경남 양산 · 밀양, 울산	105.4	1979.11. 5
11	조계산	전남 순천	27.4	1979.12.26
12	두륜산	전남 해남	33.4	1979.12.26
13	선운산	전북 고창	43.7	1979.12.27
14	팔공산	경북 칠곡 · 군위 · 경산 · 영천, 대구	125.7	1980. 5.13
15	문경새재	경북 문경	5.5	1981. 6. 4
16	경포	강원 강릉	9.5	1982. 6.26
17	청량산	경북 봉화 · 안동	49.5	1982. 8.21
18	연화산	경남 고성	22.3	1983. 9.29
19	태백산	강원 태백	17.4	1989. 5.13
20	팔영산	전남 고흥	9.9	1998. 8. 4
21	천관산	전남 장흥	7.6	1998.10.13
22	연인산	경기 가평	37.4	2005. 9.12
23	신안증도갯벌	전남 신안	12.8	2008.6.5
24	무안갯벌	전남 신안	37.1	2008.6.5
25	제주조각	제주 남제주군 안덕면	0.4	1986. 5.30 (2008. 9.19)*
26	마라해양	제주 남제주군 대정읍 · 안덕면	49.8	1997. 8.23 (2008. 9.19)*
27	성산일출해양	제주 남제주군 성산읍	16.2	1997. 8.23 (2008. 9.19)*
28	서귀포시립해양	제주 서귀포시 보목 강정동	19.5	1999. 1. 5 (2008. 9.19)*
29	추자	제주 북제주군 추자면	95.3	2000. 8.31 (2008. 9.19)*
30	우도해양	제주 북제주군 우도면	25.9	2000. 8.31 (2008. 9.19)*
31	수리산	경기 안양 · 안산 · 군포	6.6	2009. 7.16

* (2008.9.19)는 제주특별자치도 시행으로 군립공원 6개소가 도립공원으로 승격된 일자임.

촌락지리학

표 8-4. 군립공원 지정 현황(2010년 12월 기준)

지정순위	공원명	위치	면적(km²)	지정일
계	27개소		239.2	
1	강 천 산	전북 순창군 팔덕면	15.8	1981. 1. 7
2	천 마 산	경기 남양주시 화도읍 · 진천면 · 호평면	12.7	1983. 8.29
3	보 경 사	경북 포항시 송라면	8.5	1983.10. 1
4	불영계곡	경북 울진군 울진읍 · 서면 · 근남면	25.1	1983.10. 5
5	덕구온천	경북 울진군 북면	6.1	1983.10. 5
6	상 족 암	경남 고성군 하일면 · 하이면	5.1	1983.11.10
7	호 구 산	경남 남해안 이동면	2.9	1983.11.12
8	고 소 성	경남 하동군 악양면 · 화개면	3.2	1983.11.14
9	봉 명 산	경남 사천시 곤양면 · 곤명면	2.6	1983.11.14
10	거열산성	경남 거창군 거창읍 · 마리면	4.3	1984.11.17
11	기 백 산	경남 함양군 안의면	2.0	1983.11.18
12	황 매 산	경남 합천군 대명면 · 가회면	21.2	1983.11.18
13	웅 석 봉	경남 산청군 산청읍 · 금서면 · 삼장면 · 단성면	17.3	1983.11.23
14	신 불 산	울산 울주군 상북면 · 삼남면	11.6	1983.12. 2
15	운 문 산	경북 청도군 운문면	16.2	1983.12.29
16	화 왕 산	경남 창원시 창녕읍	31.3	1984. 1.11
17	구천계곡	경남 거제시 신현읍 · 동부면	5.9	1984. 2. 4
18	입 곡	경남 함양군 산인면	1.0	1985. 1.28
19	비 슬 산	대구 달성군 옥포면 · 유가면	13.4	1986. 2.22
20	장 안 산	전북 장수군 장수읍	6.2	1986. 8.18
21	빙계계곡	경북 의성군 춘산면	0.9	1987. 9.25
22	고 복	충남 연기군 서면	1.9	1990. 1.20
23	아 미 산	강원 인제군 인제읍	3.2	1990. 2.23
24	명 지 산	경기 가평군 북면	14.0	1991.10. 9
25	방 어 산	경남 진주시 지수면	2.6	1993.12.16
26	대 이 리	강원 삼척시 신기면	3.7	1996.10.25
27	월성계곡	경남 거창군 북상면	0.7	2002. 4.25

국토면적의 0.24%를 차지하고 있다(표 8-4).

사하촌

자연환경이 아름다운 산악과 해안 지대, 보양적 가치를 지닌 온천 지대, 역사적 의미가 있는 유적지, 사찰 등의 종교적 시설이 있는 곳은 많은 관광객이 모이며 이들을 상대로 한 여관, 호텔, 음식점, 상가, 토산품점, 오락 시설을 중심으로 한 관광촌이 형성된다.

위에서 언급한 장점이 두 가지 이상 결합하면, 관광의 가치가 더욱 높아진다. 가야산 관광지는 자연과 사찰이 서로 융합하여 있는 경우이다. 널리 알려진 사찰의 입구 혹은 아래에 상점, 여관들이 들어서 형성된 취락을 사하촌寺下村이라 부른다.

방어 기능을 수행하는 취락

휴전선 부근의 기지촌

우리나라 휴전선 부근에는 군사기지촌軍事基地村, 소위 기지촌이 발달하였다. 오늘날 강화군(인천광역시) ↔ 김포시(경기도) ↔ 파주시(경기도) ↔ 연천군(경기도) ↔ 철원군(강원도) ↔ 양구군(강원도) ↔ 인제군(강원도) ↔ 고성군(강원도)은 휴전선과 접하는 행정구역이다. 이러한 행정구역 내부와 그 인근의 행정구역(동두천시, 양주시, 포천시, 화천군 등)에는 휴전 협정 이후에 많은 군사기지촌이 발생하였다. 김포시, 동두천시, 파주시, 포천시 등에 입지하는 기지촌은 군사 도로를 비롯한 도로망의 확충으로 인하여 서울의 통근권역에 속하게 되었다. 경기도 동두천시의 동두천, 충남 논산시 연무읍의 연무 등은 우리나라의 대표적인 병영 취락이다.

:: 참고　기지촌의 특성

① 생산 연령층의 인구 비율이 높은 사회적 증가형의 인구 구성이 나타난다.

② 여성 유흥업 종사자의 집중으로 20~24세의 여성 연령층이 높은 비율

을 차지하고 있다.

③ 원주민 구성비가 매우 낮아, 지역별 통합 결속이 어려운 이질 집단으로 구성되어 있다.

④ 농가 인구 비율이 극히 낮으며, 상업, 서비스업, 노동 등 3차 산업 인구 비율이 높다.

⑤ 군인(특히 미군)을 대상으로 하는 유흥업소를 중심으로 한 서비스업이 발달하였다.

⑥ 전국 시·읍의 평균 인구 밀도보다 높은 인구 밀도를 가진 기지촌이 많다.

조선 시대의 병영촌: 진영촌과 수영촌

① 진영촌鎭營村

절도사節度使가 주관하는 병영을 주진主鎭, 절제사節制使·첨절제사僉節制社가 주관하는 병영을 거진巨鎭, 동첨절제사同僉節制社·만호萬戶·도위都尉가 주관하는 병영을 제진諸鎭이라 일컬었다. 압록강과 두만강 방면에는 조선 시대부터 진鎭·보堡를 설치하여 방어했던 관계로 혜산진惠山鎭, 만포진滿浦鎭 등과 같이 진 또는 보라는 명칭을 가진 촌락이 많다.

② 수영촌水營村

전남 해남면海南面 문내면門內面에 전라우수영全羅右水營, 즉 전라우도수군절도사영全羅右道水軍節度使營이, 그리고 전 순천시順天市 내례포內禮浦에 전라좌수영全羅左水營, 즉 전라좌도수군절도사영全羅左道水軍節度使營이 있었다. 경상우수영과 경상좌수영은 통영統營과 동래東來에 있었다.

| 참고문헌 |

강영복, 2007, "충청북도 보은지방 옥천누충군 지역의 돌너와집", 문화
    역사지리, 19(2), pp.15~23.

공우석, 2007, 우리 식물의 지리와 생태, 지오북.

권동희, 2006, 한국의 지형, 한울.

권동희, 2008, 한국지리 이야기, 한울.

권동희, 2010(개정판), 지리이야기, 한울아카데미.

권용우 외, 2010(제3판 중판), 도시의 이해, 박영사.

권혁재, 2003, 한국지리: 우리 국토의 자연과 인문, 법문사.

권혁재, 2004, 자연지리학, 법문사.

권혁재, 2005, 한국지리: 지방편, 법문사.

권혁재, 2007, 남기고 싶은 지리이야기: 우리 자연, 우리의 삶, 법문사.

권혁재, 2007, 남기고 싶은 지리 사진들: 그리움과 연민의 정이, 법문사.

권혁재, 2010(제4판 11쇄), 지형학, 법문사.

김 인, 1986(초판), 현대인문지리학, 법문사.

김 인, 2005, 세계도시론, 법문사.

김 인·박수진 편, 2006, 도시 해석, 푸른길.

김종욱, 2008, 한국의 자연지리, 서울대학교 출판부.

김종일, 2005, "영산강의 주운 복원과 활용 방안 연구", 한국지역지리학
    회지, 11(1), pp.40~53.

남영우, 2006, 글로벌시대의 세계도시론, 법문사.

남영우, 2007, 도시공간구조론, 법문사.

촌락지리학

남영우 · 최재헌, 2005(제4판), 도시와 국토, 법문사.

류제헌, 2006(3쇄), 한국문화지리, 살림.

류제헌 역(테리 조든 저), 2002, 세계문화지리, 살림.

박경환 역(질 발렌타인 저), 2009, 사회지리학: 공간과 사회, 논형.

박삼옥, 2002, 현대경제지리학, 도서출판 아르케.

박삼옥 외, 2008(개정판), 지식정보사회의 지리학탐색, 한울.

박희도, 2007, 자연환경과 인간, 한울.

세계지리학대회조직위원회, 2000, 한국지리, 한울.

오홍석, 1994, 취락지리학, 교학연구사.

윤홍기, 2009, "영어권에서 문화지리학의 발전과 연구동향", 문화역사지
    리, 21(1), pp.13~30.

이무용, 2006, 지역발전의 새로운 패러다임 장소마케팅 전략, 논형.

이승호, 2007, 기후학, 푸른길.

이승호, 2009, 한국의 기후와 문화 산책: 생활 속 기후 여행, 푸른길.

이영희, 2007, "전통온천과 신설온천의 지질학적 특성 비교", 대한지리
    학회지, 42(6), pp.851~862.

이원호 역(레이첼 페인 저), 2008, 사회지리학의 이해, 푸른길.

이원호 · 이종호 · 서민철 공역(리처드 플로리다 저), 2008, 도시와 창조계
    급: 창조경제시대의 도시발전 전략, 푸른길.

이윤화, 2006, "서해안 갯벌과 주민 생활: 가로림만, 곰소만, 영광 갯벌
    을 사례로", 한국지역지리학회지, 12(3), pp.339~351.

이재하, 1991a, "정기시장의 본질에 대한 연구성과와 과제", 논문집(경북
    대학교), 51, pp.121~135.

이재하, 1991b, "정기시장의 구조와 기능의 특성에 대한 연구성과와 과

제", 사회과학연구(경북대학교 사회과학연구소), 7, pp.47~71.

이재하 · 박소영, 1996, "도시 요일장의 형성과 이용 및 기능에 관한 연구", 한국지역지리학회지, 2(2), pp.113~131.

이 전, 2008, 인류학의 이해, 경상대학교 출판부.

이학원 외, 2006, 지리와 한국인의 생활, 강원대학교 출판부.

이혜은 · 김일림 · 안재섭 · 이승철 편저, 2005, 변화하는 세계와 지역성: 인문지리학의 탐색, 동국대학교 출판부.

이희연, 2005, 경제지리학, 법문사.

임석회, 2005, "농촌지역의 유형화와 특성 분석", 한국지역지리학회지, 11(2), pp.211~232.

장보웅, 1996, 한국민가의 지역적 전개, 보진재.

장보웅, 2000, "낙동강 삼각주 지역의 갈대 지붕 민가 연구", 문화역사지리, 12(2), pp.1~13.

전종한, 2005, 종족집단의 경관과 장소, 논형.

전종한 외, 2008, 인문지리학의 시선, 논평.

전종한, 2009, "문화적 구성물로서의 촌락 경관 비교 연구: 반촌과 민촌적 배경의 촌락 간 비교", 문화역사지리(한국문화역사지리학회), 21(3), pp.81~103.

진종헌, 2009, "경관연구의 환경론적 함의: 낭만주의 경관을 중심으로", 문화역사지리(한국문화역사지리학회), 21(1), pp.149~160.

최병두 외, 2008, 인문지리학 개론, 한울.

최영준, 2003, "중국 황토고원의 요동민거", 문화역사지리(한국문화역사지리학회), 15(1), pp.1~28.

최영준, 2005, "개화기 경상남도의 취락편제와 규모별 취락분포", 문화

역사지리(한국문화역사지리학회), 17(2), pp.19~34.

최원석, 2004, 한국의 풍수와 비보: 영남지방 비보경관의 양상과 특성, 민속원.

최원석, 2009, "한국 이상향의 성격과 공간적 특징", 대한지리학회지(대한지리학회), 44(6), pp.745~760.

최창조, 1984, 한국의 풍수사상, 민음사.

최 협, 2005, 부시맨과 레비스트로스, 도서출판 풀빛.

한국문화역사지리학회, 2003, 우리 국토에 새겨진 문화와 역사, 논형.

한국자연지리연구회, 2009, 자연환경과 인간, 한울.

한국지리정보연구회, 2010, 지리학강의, 한울.

한주성, 2003, 유통지리학, 교학사.

한주성, 2008, 경제지리학의 이해, 한울.

한주성, 2010, 교통지리학의 이해, 한울.

홍경희, 1998(중판), 촌락지리학, 법문사.

Adams, W. M, 2008, *Green Development : Environment and Sustainability in a Developing World,* London: Routledge.

Arnason, A., Shucksmith, M., 2009, *Comparing Rural Development : Continuity and Change in the Countryside of Western Europe,* London: Ashgate Publishing Co.

Arp, J. B., 2008, *Rural Education and the Consolidated School,* Charleston, South Carolina: BiblioLife.

Barker, D., 2007, *Rural Settlements,* Trans-Atlantic Pubns.

Bowler, I. R., Bowler, I., Bryant, C., 2002, *The Sustainability of Rural Systems : Geographical Interpretations,* New York: Springer.

Boyle, J. E., 2008, *Rural Problems in the United States,* Charleston, South Carolina: BiblioLife.

Bromley, R. J., Symanski, R., Good. C. M., 1975, The rationale of periodic markets, *Annals of the Association of American Geographers,* 65(4), pp.530~537.

Bruckmeier, K., Tovey, H., 2009, *Rural Sustainable Development in the Knowledge Society,* London: Ashgate Publishing Co.

Bryden, J. M., Hart, K., 2004, *A New Approach to Rural Development in Europe, Germany, Greece, Scotland, and Sweden,* Lewiston, New York: Edwin Mellen Press.

Chambers, R., Chambers, R., 1983, *Rural Development : Putting the Last First,* Upper Saddle River, New Jersey: Prentice Hall.

Francks, P., Francks, P., 2006, *Rural Economic Development in Japan from the Nineteenth Century to the Pacific War,* London: Routledge.

Good, C. M., 1972, Periodic markets: a problem in locational analysis, *The Professional Geographer,* 24(3), pp.213~215.

Haggett, P., Cliff, A. D., Frey, A. E., 1977, *Locational Analysis in Human Geography,* London: Edward Arnold.

Haggett, P., 2001, *Geography : A Global Synthesis,* Pearson College Div.

Halfacree, K., 2007, *Rural Change,* Trans-Atlantic Pubns.

Hart, J. F., 1998, *The Rural Landscape,* Johns Hopkins University Press.

Hay, A. M., 1971, Notes on the economic basis for periodic marketing in developing counties, *Geographical Analysis*, 3(4), pp.393~401.

Hill, M., 2003, *Rural Settlement and Urban Impact on the Countryside,* Trans-Atlantic Pubns.

Hirst, P., Thompson, G., 1996, *Globalization in Question,* Cambridge: Policy Press.

Hughes, A., 2003, *Rural Geography,* Beverly Hills, CA: SAGE Publishing Co.

Ilbery, B. W., 1998, *The Geography of Rural Change,* Upper Saddle River, New Jersey: Prentice Hall.

Jordan, T. G., Rowntree, L., 1986(4th ed.), *The Human Mosaic: A Thematic Introduction to Cultural Geography,* New York: Harper & Row.

Kandel, W. A., Brown, D. L., 2006, *Population Change and Rural Society,* New York: Springer.

Lautensach, H. F. C., 1945, *Korea,* Leipzig: Köhler Verlag.

Lynch, K., 2004, *Rural-urban Interaction in the Developing World,* London: Taylor & Francis.

McAreavey, R., 2009, *Rural Development Theory and Practice,* London: Routledge.

Munton, R., 2008, *The Rural : Critical Essays in Human Geography,* London: Ashgate Publishing Co.

Singh, R. B., 1986, *Geography of Rural Development : the Indian*

Micro-Level Experience, Stosius Inc/Advent Books Division.

Stine, J. H., 1962, Temporal aspects of tertiary production elements in Korea, in Pitts, F. R.(ed.) *Urban System and Economic Development,* Eugene: the School of Business Administration, University of Oregon.

Sullivan, R. J., 2010, *Geography Generalized,* Charleston, South Carolina: Nabu Press.

Torres, R. M., and Momsen, J. H., 2011, *Tourism and Agriculture : New Geographies of Consumption, Production and Rural Restructuring,* London: Routledge.

Warn, S., 2010, *Rural Development & the Countryside,* Trans-Atlantic Pubns.

Woods, M., 2005, *Rural Geography : Processes, Responses and Experiences in Rural Restructuring,* Beverly Hills, CA: SAGE Publishing Co.

Woods, M., 2010, *Rural,* London: Routledge.

촌락지리학